鹿鸣心理

未成年人心理健康丛书　　鹿鸣心理

重庆市出版专项资金资助项目

丛书总主编　　胡　华
丛书副主编　　杜　莲　屈　远

未成年人
情绪问题：
专家解析与支招

主编

周新雨

副主编

邱海棠　　邱　田

编　者（按姓氏笔画排序）

王　宁　　王　婷　　叶子萱　　任　浩　　刘睿冰

张　丽　　张　郑　　余妍洁　　欧桃遥　　郭　婧

蒋振虹　　谭建宇

重庆大学出版社

很高兴接受重庆市心理卫生协会胡华理事长的邀请，为她及其团队撰写的"未成年人心理健康丛书"写推荐序。

记得联合国儿童基金会前执行主任亨丽埃塔·福尔曾经说过："许多儿童满怀悲痛、创伤或焦虑。一些儿童表示，他们不知道世界会如何发展，自身的未来又将怎样。""即便没有出现疫情大流行，很多儿童也苦于社会心理压力和心理健康问题。"世界卫生组织在 2017 年就发布了《全球加快青少年健康行动（AA-HA!）：支持国家实施工作的指导意见》，表明在全球公共卫生中重视青少年健康的时候到了。如今，未成年人心理健康问题十分严峻，未成年人的全面健康发展也是我国社会发展中的重大现实问题。

　　该丛书着眼于未成年人的心理健康，紧贴未成年人心理健康现状，以图文并茂的方式展现了未成年人在成长过程中容易出现的心理问题，涉及情绪、睡眠、行为、性困惑、人际关系与学业竞争等八大主题，通过真实案例改编的患儿故事，从专家的视角揭示其个体生理、家庭、学校、社会等多方面的成因，分别针对孩子、家长、学校以及社会各层面提出具体的操作策略，是一套简单实用、通俗易懂的心理学科普丛书。

　　孩子是社会中最脆弱、最易感、最容易受伤，也最需要关爱和呵护的群体。

　　全球有约 12 亿儿童青少年，且 90% 生活在中低收入国家。《全球加快青少年健康行动（AA-HA！）：支持国家实施工作的指导意见》指出：存在前所未有的机会来改善青少年的健康并更有效地应对青少年的需求。该指导意见还强调对青少年健康的投资可带来三重健康效益：青少年的现在——青少年健康即刻受益于促进有益行为以及预防、早期发现和处理问题；青少年未来的生活——帮助确立健康的生活方式以及在成年后减少发病、残疾和过早死亡；下一代人——通过在青少年期促进情感健康和健康的做法以及预防风险因素和负担，保护未来后代的健康。

生态模型的心理干预理念告诉我们：关注个体、个体生存的微观系统、宏观系统，通过改善这三个方面的不良影响，达到改善心理健康的目的。相对于需要面对为未成年人所提供社会心理照护服务的最严峻挑战而言，在促进和保护未成年人的心理健康方面所投入的科普和宣教工作更加实际和高效。相信这套由重庆市心理卫生相关机构、各个心理学领域的临床专家和学术带头人、"重庆市未成年人心理健康工作联盟"的重要成员们共同撰写、倾情奉献的"未成年人心理健康丛书"对帮助整个社会更好地正确认识和面对未成年人一些常见的心理问题以及科学培养未成年人具有重要意义。

孟 馥

中国心理卫生协会心理治疗与心理咨询专业委员会
副主任委员
兼家庭治疗学组组长
2023 年 4 月 10 日

　　心理健康是全社会都应该关注的话题，特别是对于未成年人来说，它是影响其成长发展的重要因素。然而，现代社会的快节奏生活方式使许多未成年人面临精神心理问题的困扰。2021 年，"中国首个儿童青少年精神障碍流调报告"显示，在 6—16 岁的在校学生中，中国儿童青少年的精神障碍总患病率为 17.5%，这严重影响了未成年人的健康成长。为此，重庆市心理卫生协会积极推进普及未成年人心理健康知识的科普工作。同时，该协会拥有优秀的专家团队，他们积极组织编撰了本套丛书。本套丛书共八册，分别聚焦心理危机问题、情绪问题、行为问题、睡眠问题、心理发育问题、性心理问题、人际关系与学业竞争问题、童年养育与心理创伤问题等全社会关注的热点问题。

这套丛书以通俗易懂的语言和图文并茂的方式，结合实际案例，为读者提供了丰富、系统、全面的心理健康知识。每册都包含丰富的案例分析、实用的解决方案和有效的预防方法。无论您是家长、老师、医生、心理治疗师、社会工作者，还是对儿童心理健康感兴趣的读者，这套丛书都将是您实用有效的工具，也将为您提供丰富的信息和有益的建议。

因此，本套丛书的出版对提高社会大众对于未成年人心理健康问题的认识和了解具有非常重要的意义。本套丛书以八个热点问题为主题，涵盖了各个方面的未成年人心理健康问题，为广大读者提供了全面、深入、权威的知识。每册都由业内专家撰写，涵盖了最新的研究成果和实践经验，以通俗易懂的方式呈现给读者。这不仅有助于家长更好地了解孩子的内心世界，也有助于教师与专业人士更好地开展心理健康教育和治疗工作。

在这里，我代表中国心理卫生协会儿童心理卫生专业委员会，向胡华理事长及其团队表示祝贺，感谢他们的辛勤工作和付出，让本套丛书得以顺利出版。我也希望本套丛书能够得到广大读者的关注和认可，为未成年人心理健康的普及和发展做出积极的贡献。最后，我也希望未成年人心理健康能够得到更多人的关注和关心，让每一个孩子都能健康快乐地成长，为祖国的未来贡献自己的力量。

罗学荣

中国心理卫生协会儿童心理卫生专业委员会
第八届委员会主任委员
2023 年 4 月 2 日

　　由重庆大学出版社出版、重庆市心理卫生协会理事长胡华教授任总主编的"未成年人心理健康丛书"出版了，向该丛书的出版表示由衷的祝贺，并进行热情的推荐！

　　值得祝贺的是，该丛书聚焦未成年人这一特殊群体，从心理发育问题、童年养育与心理创伤问题、心理危机问题、性心理问题、行为问题、情绪问题、睡眠问题、人际关系与学业竞争问题等八个方面，全面地梳理了在未成年人群体中比较常见的各种心理问题。对广大读者来说，可以全面、系统、详细地了解未成年人成长过程中遇到的各种心理问题，从中发现解决未成年人心理问题的良策。

　　值得推荐的理由可以从以下几个方面呈现：（1）丛书的

结构完整：丛书的每一分册都是严格按照"案例故事—专家解析—专家支招"的结构进行撰写的。首先，列举的案例故事，呈现了未成年人的心理问题的具体表现；其次，对案例故事以专业的视角进行解释和分析，找出发生的原因和机制；最后，针对案例故事进行有针对性、策略性和可操作性的支招。（2）丛书的内容丰富：从幼龄儿童的心理发育问题、养育问题到年长儿童的各种心理行为问题、睡眠问题和人际关系问题，无一不涉猎，对未成年人群体可能出现的心理问题或障碍均有描述，而且将最常见的心理问题以单独成册的形式进行编纂。同时，信息量大但又分类清晰，易于查找。（3）丛书的文字和插图优美：丛书的案例文字描述具体、文笔细腻；专家解析理论充实，有理有据；专家支招方法准确，画龙点睛。同时加配了生动活泼、鲜艳亮丽和通文达意的插图，为本已优美的文字锦上添花。

可喜的是，本丛书有许多年轻专家的加入，展现了新一代心理卫生工作者的风范和担当，为未成年人的心理健康服务奉献了他们的智慧。

本丛书适合于广大未成年人心理卫生工作者，主要是社会工作者、学校心理老师、心理咨询师、心理治疗师和精神科医师、家长朋友和可以读懂本丛书的未成年人朋友，可以解惑，抑或助人。

杜亚松

上海交通大学医学院附属精神卫生中心
教授、博士生导师
2023 年 3 月 26 日，上海

丛书序言

　　未成年人是祖国的未来，他们的心理健康教育，事关民族的发展与未来，是教育成败的关键。2020年10月17日，第十三届全国人民代表大会常务委员会第二十二次会议第二次修订《中华人民共和国未成年人保护法》，自2021年6月1日起施行。2021年，重庆市主动作为、创新思考，由市委宣传部、市文明办联合政法、教育、财政、民政、卫健委、团委、妇联、关工委等13个部门发起成立了"重庆市未成年人心理健康工作联盟"。重庆市心理卫生协会有幸作为联盟成员单位参与其中。我个人一直从事与儿童青少年精神心理健康相关的临床、教学和科研工作，并借重庆市心理卫生协会这个学术平台已成功举办了五届妇女儿童青少年婚姻家庭心理健康高峰论坛、各种相关的专业培训班及非专业人士的公益课堂。重庆市心理卫生协会作为一个专业性、公益性的学术组织，一直努力推进大众心理健康科普工作，连续多年获上级主管部门重庆市科协年度工作考核"特等奖"。同时协会拥有优秀的专家团队，积极参与策划和落实这套丛书的编撰，是编著丛书最重要的支持力量。我希望通过这套图文并茂的丛书能够促进普通大众对未成年人心理健康知识有更多的了解。

在临床工作中，我们时常看到这样一些现象：孩子在家天天玩游戏，父母却无可奈何；父母希望靠近孩子，但孩子总是保持距离；父母觉得为孩子付出很多，但孩子感到自己没有被看见、没有被尊重；个别中小学生拉帮结伙，一起欺辱班上的某个同学，导致这个被欺负的学生恐惧学校；也有些学生一次考试成绩失利就厌学逃学；而有些孩子被批评几句后就出现自残、轻生行为……我们越来越多地看见未成年人出现各种各样的心理问题，甚至是严重的精神障碍。面对这些问题时，很多父母非常无助，难以应对，要么充满自责和无奈，要么互相埋怨指责。也有父母不以为意，简单地认为是孩子的"青春期叛逆"。学校和老师则有时过于紧张不安、小心翼翼，不敢轻易接受他们上学或复学，让一些孩子在回到学校参与正常的学习上又多了一些困难。而社会层面也有很多不理解的声音，对这些未成年孩子的情绪反应和行为方式不是去理解和帮助，反而是批判和排斥。

实际上，未成年孩子在生理、心理上具有自身突出的特点，相对于成人，他们处于不稳定、不成熟的状态，他们的世界观、人生观、价值观等思想体系正处在形成阶段。这个时期的孩子非常需要家庭、学校、社会等多方面给予特别的关心、爱护、引导与帮助。来自周围的对他们的一些观念、态度的转变，可能看起来非常微小，却往往成为点亮他们生活的一束光，可能帮助他们驱散内心的一点阴霾，更好地度过这段人生旅程，走向下一个成长阶段。

本套丛书共八本书（分册），分别聚焦未成年人的心理危机问题、情绪问题、行为问题、睡眠问题、心理发育问题、性心理问题、人际关系与学业竞争问题、童年养育与心理创伤问题等主题。丛书各分册的主编与副主编均是重庆市心理卫生协会理事会的骨干专家，具有丰富的心理学知识或者临床经验。由于未成年人的各个生命发展阶段又呈现出不同的心理特点，因此本套丛书也强调尽量涵盖现代社会中不同年龄段未成年人所面临的具有代表性的心理问题。

本丛书的每个分册都具有统一的架构，即以案例为导向的专业分析和建议。这些案例都源自作者专业工作中的真实案例，但同时为了保护来访者隐私，强调了对其个人信息的伦理处理。如有雷同，纯属巧合，请读者不要对号入座。为了使案例更加具有代表性，也可能会结合多个案例的特点来阐述。为了给大家更加直接的帮助，每个案例都会有专业的解读分析，及延伸到具体的解决方法和建议。书中个案不少来自临床，医务人员可能给予了适当的药物处理和建议，请读者不要擅自使用药物。如有严重的相关问题，请务必到正规的专业医院进行诊治。希望通过本丛书深入浅出的讲解，帮助未成年孩子的父母、学校老师以及未成年人自己去解决教育和成长中面临的困惑，找到具有可操作性的应对方案。而这些仅代表作者个人观点，难免有主观、疏漏，甚至不够精准之处，欢迎读者提出宝贵意见和建议，以便有机会再版时可以被更正，我们将不胜感激！

在本丛书的编写过程中，我真诚地感谢重庆大学出版社的敬京女士，她是我多年的好友，当我有组织这套丛书的设想时，与她一拍即合，感谢她一路的积极参与和支持，以及她身后的出版社领导和各部门的专业帮助，还有插画师李依轩、辛晨的贡献。因为有他们的帮助和支持，本丛书才能顺利完成。同时，我真诚地感谢重庆市心理卫生协会党支部书记胡晓林、重庆市心理卫生协会名誉理事长蒙华庆及重庆市心理卫生协会常务理事会的成员们，在2021年9月常务理事会上对丛书编写这一提案的积极支持和鼓励。我要真诚地感谢重庆医科大学附属第一医院心理卫生中心的同事，重庆市心理卫生协会的秘书长杜莲副教授，以及副秘书长屈远博士，在组织编撰、写作框架、样章撰写与修改、篇章内容把控、文章审校等方面的共创和协助。我还要感谢重庆市心理卫生协会常务理事、重庆市心理卫生协会睡眠医学专委会主任委员、重庆市第五人民医院睡眠心理科高东主任和重庆市心理卫生协会理事、重庆市第五人民医院睡眠心理科黄庆玲副主任医师对样章撰写的贡献！

我要感谢所有参与丛书编写的各分册主编、副主编及编委会专家和作者的辛苦付出！没有你们，这套丛书不可能面市。

我还要感谢重庆市委宣传部未成年人工作处李恬处长的支持和鼓励，并把这套丛书的编写纳入"重庆市未成年人心理健康工作联盟"2022 年的工作计划中。

最后，我要感谢在丛书出版前，给予积极支持的全国儿童青少年心理与精神卫生领域的知名专家，如撰写推荐序的孟馥教授、罗学荣教授、杜亚松教授，撰写推荐语的赵旭东教授、童俊教授和夏倩教授，以及家庭教育研究者刘称莲女士。

健康的心理造就健康的人生，我们的社会需要培养德智体美劳全面发展的社会主义接班人！我们的社会和家庭需要我们的孩子成长为正如"重庆市未成年人心理健康工作联盟"所倡导的"善良、坚强、勇敢"的人。为此，面对特殊身心发展时期的孩子，我们需要在关心他们身体健康的同时，更加积极地关注他们的心理健康状况，切实了解他们的心理需求和困难，才能找到解决问题的正确方法，才能让孩子在参与和谐人际关系构建的同时实现身心的健康成长和学业进步。

虽然未成年人的心理健康发展之路任重而道远，但我们依然砥砺前行！

胡 华

重庆市心理卫生协会理事长

作者序言

中国儿童中心发布的《中国儿童的生存与发展：数据与分析》报告显示：我国 17 岁以下的儿童和青少年中，至少有 3000 万人受到各种情绪障碍和行为问题的困扰。近年来，大量研究表明，我国未成年人情绪问题的发生率逐年在增加，并呈低龄化趋势。

随着我国经济的快速发展及社会的加速转型，带来了留守儿童、独生子女、高离婚率、"鸡娃式"教育、不良网络社交、各种霸凌事件等一系列社会问题，随之影响着儿童和青少年群体的心理健康，滋生出各种情绪和行为问题，给家庭及社会带来沉重的负担。然而，在面对儿童和青少年的这些问题时，多数儿童和青少年、家长以及老师表现出对情绪相关疾病认识不足和对此类疾病极大的病耻感、恐惧感，出现一些过度防御，这些影响了儿童和青少年正常读书和生活，而家长却将其当成"矫情""叛逆"而过度回避和压制，错过了情绪和行为问题的最佳干预和正规治疗期。因此，社会各界迫切需要有针对性、效果好的科普资料和干预指导方案，来为儿童和青少年群体提供帮助。

目前，国内外研究者已经开发了一些有针对性的、结构化的治疗性书籍，主要读者对象是精神科医生和心理工作者。但针对儿童和青少年、家长、学校的书籍，在国内却非常少见，而本书正好弥补我国这方面的空缺。我们推荐儿童和青少年情绪和行为问题相关的非专业人士及儿童和青少年本人阅读和参考本书，希望可以用更科学、更专业的服务帮助他们。

本书案例均来自各位编者改编的真实案例（已隐去患者的真实个人信息），实用性强。本书立足于帮助、非专业人士及儿童和青少年本人了解各类常见的儿童和青少年情绪、行为类精神疾病，用通俗易懂的语言，将晦涩难懂的精神病学知识讲清、讲透，帮助读者早识别和早干预。本书最大的特色是，首先引入"案例故事"，生动还原现实案例的各种场景，接着对案例进行"专家解析"，最后针对问题给出处理方式，从个人、家庭、学校等多方位支招、多维度干预，内容生动、层层推进、逻辑清晰，有利于在实际中操作运用。我们团队长期致力于儿童和青少年各种情绪和行为问题的科学研究，撰写本书的过程，也是我们将科研成果转化成临床和社会各界需要的实践方案的过程，更是我们研究团队学习的过程。希望可以将这个学习的过程和收获带给本书的广大读者朋友。

章节执笔情况为（排名不分先后）：包括周新雨主编，邱田、邱海棠副主编，及王宁、王婷、叶子萱、任浩、刘睿冰、余妍洁、张丽、张郑、欧桃遥、郭婧、蒋振虹、谭建宇在内的15名来自重庆医科大学附属第一医院、重庆医科大学附属第二医院、重庆市精神卫生中心、四川达川区人民医院精神科、一壹心理空间工作室等机构的专业精神科医生、博士硕士研究生及心理咨询师。初稿完成后，在我和总主编胡华教授的指导下，编写秘书刘睿冰的协助下，执笔人多次修改并进行统一审校，为定稿付出了巨大的心血。在此，为他们的辛勤付出表达深深的谢意。

尽管我们努力做到最好，但难免出现错误之处，恳请各位专家和读者不吝指正，以便后续进一步修订。我们希望用科普教育的方式让大众更清楚地认识儿童和青少年常见情绪问题，更能理解和体会儿童和青少年出现情绪问题时的痛楚，有更强的同理心，能用科学的方法、坦然的态度应对和处理类似的问题，进而提高整个社会对儿童和青少年情绪和行为问题的警惕性和敏感性，提高孩子、家长和学校对儿童和青少年情绪和行为问题的识别及干预能力。

周新雨

目 录
CONTENTS

第1节

遇事"容易伤感的你"就是得了抑郁症吗?

张　丽

案例故事

小柔是一个17岁的女孩,高三学生,家住某县城,是家里的长女,有一个6岁的弟弟,父母常年忙于工作,自小由爷爷奶奶和父母共同抚养。小柔父母感情不好,常吵架,曾在小柔4岁时离异,但离婚后仍生活在一起。小柔10岁时父母复婚,不到一年弟弟出生,弟弟断奶后便一直寄养在外公外婆家。小柔自小就长得乖巧可爱,性格活泼开朗,平素胆小,富有爱心,喜爱小动物,母亲说她小时候见到蚂蚁被踩死都会伤心地哭,路上见到拾荒的老奶奶也会哭。小柔学习成绩一直优异,深得老师和同学的喜爱,一直都是旁人眼里"别人家的孩子",家人也以此为傲,对待小柔比较宠溺。

3年前,小柔读初三,无意间看见父母在激烈地争吵,扬言要离婚,并相互殴打。父母不知道小柔对此已知情。渐渐地,

小柔变得"自我封闭"，不怎么爱讲话，也不怎么愿意与人交流，很少跟父母沟通，父母问话也爱答不理或是敷衍作答，常常戴着耳机或听歌或看动漫；变得不爱与朋友外出玩耍，以前热爱唱歌跳舞，现在却对此毫无兴趣，休息时常一个人躲在自己的房间里。在学校时，课间常一个人趴在座位上，总是一副没精打采的样子，变得不怎么专心学习，学习成绩下滑但尚能跟得上，最后考进市重点高中。

家人以为小柔的上述变化是青春期"叛逆"的正常反应便没有太在意。

　　进入高一后,小柔成绩下滑明显,在班上常常垫底,"自我封闭"的情况变得愈来愈明显,并且总是一个人独来独往,既不与以前的朋友联系,也不结交新的朋友。老师反映小柔不"合群",不与同学玩耍,且上课总是走神;同学反映小柔情感很脆弱,总是闷闷不乐,常为小事感到受伤,曾多次见小柔在教室的角落默默流泪。小柔自己也高兴不起来,对什么都提不起兴趣,容易疲倦,吃东西也觉得没有胃口,有时莫名地感觉心慌、胸闷、手抖、腹痛,持续几分钟就又自行缓解。小柔常以身体不适为由隔三差五地请假回家休息,休完假返校后又能勉强跟上学习。老师建议小柔看心理医生,但小柔拒绝,家长以为是小柔刚进入新环境还不适应,也未给予重视。

　　高二时,小柔开始觉得脑子反应变慢,像生锈了一样,看东西像隔了一层膜,不想做事,上课注意力不集中,成绩直线下滑,高二下学期的摸底考试成绩在班上倒数,在班上痛哭,请假在家休息 2 周。返校后情绪变得喜怒无常,她控制不住自己的情绪,常无缘由地发脾气,冲父母大吼大叫、乱摔东西。父母开始以为她只是学习压力大引起的短暂的心情不好,周末带她外出散心,情况也不见好转。

近半年，小柔开始不愿去上学，学校老师反映她上课总是心不在焉，有时甚至直接趴桌子上睡觉，被老师多次点名也无动于衷。同学看到她有拿圆规戳伤自己手臂的情况，她还常常偷偷哭泣，言语消极，有时甚至说出"对不起父母，对不起老师""活着没意思"这样的话。进食差，常吃几小口就不吃了，有时甚至有呕吐的情况；睡眠差，夜里久久不能入睡，即便睡着也多梦，睡眠浅，常在凌晨 3 ~ 4 点醒后就不能再入睡；身体变得消瘦，体重下降。

父母注意到孩子的变化，开始担心孩子是不是生病了，于是带小柔到当地人民医院内外科就诊，做了头部 CT、动态脑电图、心电图、胃肠镜、抽血化验等很多检查，结果都没有明显的问题，对症处理后亦无明显改善。在学校老师不懈的劝说下小柔勉强开始接受心理咨询，但在咨询室里却总是一言不发。最后在学校心理咨询师的建议下，父母强制将她带到精神科就诊，其被诊断为重度抑郁症，经住院治疗好转后出院。

专家解析

1. 什么是抑郁症?

抑郁症又称心境障碍(抑郁发作),是以显著而持久的心境低落为主要特征的心理疾病,典型表现有情感低落("三自"——自责、自罪、自杀,"三无"——无助、无望、无价值感),伴有相应的整体活动水平(思维和行为)的改变,也伴有躯体症状(如头昏、头痛、心慌、胸闷、恶心、呃逆、腹胀、腹痛、手脚发抖、全身乏力等),还伴随一些生物学症状——睡眠障碍、食欲及体重改变。重度抑郁症可伴有精神病性症状(如幻觉、妄想)。

青少年的抑郁症可能表现不典型,会表现为情绪不稳定、易激惹、自伤、不参与集体活动、学习成绩下降甚至拒绝上学等。

抑郁症是世界范围内普遍存在的一种精神疾病,是导致全球疾病负担增加的一个重要因素。抑郁症通常最初发生在青春期,可能在成年后持续或复发。有研究显示,40%的人在20岁之前会经历第一次抑郁发作,平均发病年龄在25岁。在美国,13~18岁的青少年中抑郁症的终身患病率为

11%，12 个月患病率为 7.5%。与男性相比，青春期女孩的发病率是男性的两倍，抑郁发作也更严重。青春期的抑郁可预测成年后的抑郁和焦虑，大多数受影响的成年人在青春期会出现第一次抑郁发作，这突出了早期识别和治疗的必要性。

2. 抑郁情绪等于抑郁症吗？

抑郁情绪不等于抑郁症。人都会有各种各样的情绪，快乐、愤怒、悲哀、恐惧是人类的基本情绪，生来就有，而抑郁情绪是其中一种。正常的抑郁情绪发生是基于一定的客观事由（如被批评、考试失利等），持续时间短，可以自己恢复，情随境迁，对人影响不大。而抑郁症则是病理性的抑郁，是一种心理疾病，通常无缘无故地发生，或者虽有不良因素，但不足以解释病理性的抑郁表现，抑郁症状显著而持久（持续时间至少两周，甚至长达数年），严重影响生活的方方面面，小到洗脸刷牙，大到工作学习。

3. 发展成抑郁症的原因有哪些呢？

抑郁症是一个多因素疾病，目前发病原因并不十分明确。但大量研究发现，生物、心理与社会因素跟抑郁症的发生有明确的关系。

（1）生物因素：抑郁症患者的亲属，特别是一级亲属，患抑郁症的风险是一般人群的 2 ～ 10 倍，早发和反复发作的抑郁症患者，有明显的家族聚集性。与正常人群相比，抑郁症患者存在神经生化（5- 羟色胺、去甲肾上腺素、多巴胺等单胺类递质）及神经内分泌系统功能改变。结构性脑影像提示调控情绪的神经环路相关结构存在异常；功能性神经影像研究提示最显著的脑区变化涉及内侧前额叶皮质、扣带回前部、杏仁核、海马体、丘脑与下丘脑等脑区。抑郁症患者脑电图、睡眠脑电图、脑诱发电位存在一定的改变。

（2）心理社会因素：负性生活事件，例如失恋、考试失利、精神创伤、家庭成员生病、亲人离世、重大依恋关系丧失等；家庭因素，例如父母缺位、家庭关系差、情感忽视、家庭暴力、家庭教养方式不良、家庭贫困等；社会因素，例如人际关系不良、校园欺凌、恶性竞争等；个体内在因素，例如环境适应不良、对自我期望过高、不良应对问题模式等。

专家支招 💡

▶ 对于小柔

小柔是一个高敏感的孩子，对外界感知能力强，在面对问题时可能会出现"钻牛角尖儿""一条路走到黑"的情况。

因此，她需要学会正确识别自己的不良情绪，有意识地克制不良心理活动，并使之向良好心理活动转化，当自我不能调整不良心理时要及时寻求外界帮助（如心理咨询与辅导、精神科就诊等）；学会应对不良心理刺激，培养克服困难的能力和勇气；学会正确地进行自我评价和自我分析，准确了解自己，降低对自我的过高期待，建立合理的奋斗目标；学会与父母良性沟通，与他人建立良好的人际关系，多培养兴趣爱好，并锻炼，丰富自己的生活，不要把心思全放在学习上，让自己有更多的愉快情绪体验，以保持良好的心态。

▶ 对于家长

未成年人心智发育尚不成熟，在发展过程中总会遇到各种各样因为发展而带来的心理冲突，家长对儿童青少年期孩子的身心健康有重要的影响。国内外大量研究表明，不良家庭环境因素容易造成家庭成员的心理行为异常。因此，家长尽量做到家庭和睦，不吝于向孩子表达爱，为孩子成长提供稳定、有温度的环境。家长应该完全接纳、倾听孩子，用真诚的爱去增进亲子关系，缩短亲子之间的心理距离，让孩子愿意表达自己内心的真实想法；家长应当学会充分尊重孩子，以平等且耐心的姿态与孩子进行交流，让孩子敢于表达自己内心的真实想法；家长应当与孩子保持亦师亦友的关系，帮助孩子发现问题、走出困境，让孩子乐于表达自己内心的真实想法。同时，家长还应当保证自身的心理健康状况良好，家长的消极情绪也会使孩子产生烦恼、焦躁、恐惧、压抑等消极情绪，如果不能及时排解，就可能导致各种心理疾病。

▶ **对于学校**

学生的大部分时间在学校里度过，因此，学校是促进学生心理健康的有效场所。学校可开展各种有利于促进学生心理健康的措施。包括：

1. **开展心理健康教育。**通过开展心理健康教育活动，普及心理健康知识，使全体学生对心理健康教育有积极的认识，树立心理健康意识，了解简单的心理调节方法，认识心理异常现象，初步掌握心理保健常识和学会学习、人际交往、升学及环境适应等方面的常识，使学生不断正确认识自我，增强调控自我、承受挫折、适应环境的能力；提高学生的心理素质，培养学生乐观、向上的心理品质，促进学生人格的健全发展。

2. **将心理健康教育渗透于整个学校教育活动之中。**在日常的学校教育工作中增加心理健康教育内容，在学校营造一个有利于学生身心健康的心理环境。改善学校教师和工作人员的心理健康意识和教学工作方法，减少因教育不当而造成的心理问题；在全校范围内进行心理健康教育宣传，提高学生的心理健康意识；此外，学校还可以通过改善学习环境帮助学生培养良好的心境。

3. **重视心理咨询与辅导。**建立学生心理咨询与辅导中心或专门的活动室，配备相应的心理老师，对存在心理问题的学生进行心理辅导，帮助其恢复心理健康，增强心理素质。此外，还可以建立学生个人心理健康档案，对学生的身心健康状况进行跟踪观察、评价，有针对性地对学生进行心理干预，提高心理咨询与辅导的效果。

第 2 节

当近距离接触抑郁情绪时，"小小的你"该怎么办？

案例故事

　　小白是一个 17 岁的女生，目前就读于高中，是家中的独生女，父母在她很小的时候离异，她一直跟着妈妈和外公外婆一起生活。妈妈目前虽然工作较忙，但对小白的一切都非常关心，平常外婆按照妈妈的要求，在生活上对小白的照顾事无巨细，不让小白做家务，小白在衣、食、住、行上的需求都可以得到满足。在学习上，家人对小白的要求较多，鼓励较少。小白从小学开始性格一直偏内向，不爱交朋友，也不爱与别人说话，与同学的关系都一般，但喜欢玩手机，愿意跟网上认识的朋友说话。

　　小白进入高中后，因为不合群，被部分女生孤立，有同学开始欺负她，经常对她做恶作剧，嘲笑她。小白觉得非常痛苦，不愿意去学校，想到要去学校就觉得心慌不舒服，不能集中注意力学习，成绩也有所下降。一开始，小白试着告诉妈妈和外婆自己在学校不开心，但家里人都不理解，认为这些都是同学之间的小摩擦，不算什么大事，觉得这是小白为不去学校学习找的借口。妈妈觉得只要她好好学习，成绩好了，自然就会有朋友，而外公外婆只关心小白的生活问题。尝试交流后并没有得到家人的支持，小白更加痛苦了。

小白的家人慢慢地也发现了她的异样，但认为小白只是青春期叛逆，并没有太在意。直到有一次，小白在学校上课的时候，独自走上教学楼顶楼，坐在楼顶上欲跳楼轻生，被同学发现后打 110 报警，之后被警察带回家。家里人觉得不能理解，反复询问原因，小白只说自己心情不好，想通过自杀，看看外公外婆及父母是否真的在乎自己。家里人觉得莫名其妙，小白是独生女，整个家几乎都围着她转，怎么会不在乎她呢。

母亲很无奈，意识到小白可能存在心理问题，于是带她到某医院精神科就诊。医生认为小白处于"抑郁状态"，需要接受抗抑郁药物治疗，且小白有自杀未遂行为，也建议直接住院治疗。母亲觉得精神科病房都是精神病人，要求只开药暂时不住院。医生希望小白能尽快走出抑郁，除开具药物处方外，认为最重要的是把治疗焦点放在母亲与孩子之间的关系上，改善小白与家庭成员的不良关系模式，于是建议母亲一起接受家庭心理治疗。在治疗中，咨询师根据成员的个性、行为模式相互影响、互为连锁的效应，改进家庭心理功能，让母亲和孩子都意识到既往病态的家庭关系，比如小白的自我伤害行为，可以看作对母亲的反抗，以及对自我不良情绪的缓解方式。要改变这种病态的行为，不能单从治疗小白着手，而应以整个家庭系统为治疗对象，通过语言疏通家庭关系，指导生活模式。小白母亲非常配合，在几次治疗后，学会了倾听，开始换位思考，了解到母女之间关系的矛盾点。小白从一开始的抵触、无法敞开心扉，到后来慢慢地说出了埋藏在自己心里很久的话。小白母亲也打开心扉，双方都能冷静地站在对方的角度思考，小白变得能够理解妈妈的感受，妈妈也明白了小白心中的想法，很多误会都迎刃而解了。

医生还引导小白通过调整生活方式以达到症状缓解的治疗目的，告诉她要想真正走出来，自我改变是很重要的，并教了小白一些方法，比如调整生物钟，避免熬夜，保证充足的睡眠，并加强运动，感觉好一点的时候甚至可以做一些简单的家务等。小白听取了医生的建议，白天的时候去慢跑，晚上按时睡觉，与家人相处的时候不再沉默不语。渐渐地，她觉得生活又美好起来，脸上也开始洋溢着许久未见的笑容。接受完这一系列专业正规的治疗以后，小白和家人都认识到了过去各自存在的问题，逐渐能够通过沟通来表达自己。有了家庭的支持，小白的心情变得平静，不再容易崩溃和易怒，又能健康快乐地去上学了。

专家解析

1. 青少年抑郁症在症状表现和治疗上与成人有哪些不同呢?

其一是症状不典型，且比较隐匿，不易引起家长和学校以及自身的重视。除了主要的症状如情绪低落外，常表现为易激惹、爱发脾气，对于小刺激反应较大，与家人（通常是父母）沟通困难，经常觉得生活没有意义，有疲劳感，对学习、生活和人际交往都不感兴趣，性格内向孤僻，不与人沟通，自我评价较低。监护人常误认为上述症状仅为孩子性格问题或青春期叛逆，没有给予足够多的重视。其二相比成人抑郁症发病大多与生活压力过大有关，青少年抑郁的发生受遗传因素、家庭成长环境，以及心理因素影响较大。在治疗上相对成年人的药物治疗为主，青少年需将治疗重点放在心理治疗上。首先，引导家长重新认识不良家庭关系模式是治疗的关键，如小白的家人需重新审视对小白的生活过于关注和对情感过于忽视；其次，教导小白如何与人相处和交往，避免自我否定的负性思维也是治疗的重点；最后，青少年抑郁症患者出现自杀的风险也较成年抑郁症患者要高，青少年的自伤、自杀行为通常具有冲动性，一旦出现常令家人措手不及，所以要及时地到医院就诊。青少年抑郁症患者的用药与成年抑郁症患者的用药也有所不同，他们对药物会更加敏感，所以更需要得到专业的治疗。

2.青少年抑郁症的治疗原理是什么呢？

因患者处于特殊的青春期阶段，一般认为与内分泌紊乱也有一定的关系。为了调整内分泌，青少年可以在以下几方面做出调整。第一，增加光照时间。缺乏阳光的照射则会增加抑郁症的发病风险，很多研究发现生活在北极圈附近的人比生活在赤道附近的人更容易患抑郁症，春冬季节尤其如此。第二，调整光照和睡眠节律。我们的睡眠节律是受光照环境调控的，光线照射到视网膜上，光刺激转变成神经信号，神经信号再传递到"生物节律起搏器"——大脑的视交叉上核，继而影响松果体的褪黑素分泌，这是一个经典的睡眠调节路径。如果晚上光线太强，我们就会难以睡着；如果白天光线太暗，我们就会昏昏欲睡，这都是同一个道理。早睡型的人，自身的睡眠节律与自然光照节律比较符合；相比较而言，晚睡型的人，自身的睡眠节律与自然光照的节律存在一定的延迟，可能日上三竿了才醒来，这会对我们的身体和精神状态造成一定的影响。

3. 在抑郁的治疗中，做到以下几点很重要：

（1）增加活动的时间，用温和的运动方式活动，如慢跑，逐渐加强运动。

（2）增加白天光照的时间，光照时间的增加会使大脑松果体释放的褪黑素减少，以及血液中血清素浓度增加，而褪黑素有抑制腺体发育和抑制精神兴奋的作用，可使人产生抑郁情绪，因此增加光照可以缓解抑郁的症状，特别是夏天的自然光照可明显改善情绪。

（3）调整睡眠节律，定时定点睡觉，每天早睡一个小时，心情可以得到很好的缓解。有大量来自睡眠剥夺实验的研究证明，如果缺乏良好的睡眠，我们会更容易出现情绪障碍。所以，建立良好的睡眠生物钟，适当的运动可以帮助稳定激素水平和身体内分泌环境，以达到生理上的平衡，对稳定青少年情绪有积极的作用。

专家支招 🔊

▶ **对于孩子**

首先，调整解压方式，将自我伤害转变为听音乐、运动等轻松、健康的方式以缓解压力，逐渐培养面对不良情绪的能力和勇气，以及健康多样的处理情绪的方法。建议通过正规渠道主动了解心理健康知识，树立心理健康意识，提高心理健康素养，发挥主观能动性，加强对自身情绪的理解，逐渐学会控制自己的情绪。要知道这些不良的情绪在人生旅程中可能不会完全消失，但我们可以面对和化解它，让自己成为情绪的主人。

其次，像小白这样对自己有很多负面评价的孩子，需要建立自信，比如寻找更多的兴趣爱好，从一些小事做起，逐步获取成就感。在与父母或其他家人出现矛盾的时候，应当更积极地面对问题，与他们进行沟通，明确表达自己的就医需求，必要时接受相应的心理治疗。

▶ **对于家长**

近年来，小白所面临的抑郁情绪，在青少年中越来越多地被发现。这类青少年有一个共同点——他们的家长通常对小孩的自杀行为（或自我伤害的行为）感到震惊，不能理解为什么孩子会出现如此极端的行为。家长们极度缺乏对孩子情绪的捕捉能力，对于早在事件发生前已经有的许多表明孩子存在情绪问题的迹象视而不见，习惯用自己的方式理解青少年。我们常听见父母说"我都是为了你好"，而我们也常听见孩子说"你不理解我，你根本就不懂我"。父母通常认为自己做的事情都是对孩子好，却忽略了如何去真正理解他的想法和感受，否认孩子的个性和独立。家庭成员之间也长期缺乏有效的交流和沟通，从而误判了孩子可能发出的求助信号。

　　总的来说，在孩子出现情绪问题（如持续的心情差，做事没有动力，习惯性地否定自己等）及极端自我伤害的行为时，建议家长这样做。第一，面对孩子的不良情绪，减少批评，拒绝打击式教育。第二，家长要积极反思自己的教育方式，孩子作为家庭的一员，需要得到充分的尊重、平等的对待，倾听是增进亲子关系的良方。第三，对于缺乏自信、自我评价低的孩子，家长应更多鼓励和支持他，帮助他建立自信。

▶ **对于学校**

重要的是对在校学生的心理健康给予更多的关注，应积极发现可能存在情绪问题的学生，有条件的地区可以每学期定时进行心理健康筛查。比如利用手机、计算机等信息化资源和条件，从学习、成长、生活等方面对学生进行全方位的心理测评，然后对普测结果进行正确的分析和筛选。同时，也要关注个体差异，做到分阶段、分年级、分层次，把学生对自身心理发展的认识与心理健康教育相结合，全面把握学生的心理健康状况。另外，学校应设立专业的心理咨询室，加大对心理健康教育师资队伍的投入力度，增加专、兼职教师人数，为情绪不佳的学生提供一个安全的、可以发泄的空间，如果发现学生的情绪问题严重须及时告知家长带孩子就医。

我和大人都得了抑郁症，为什么症状不同呢？

周新雨　　王　宁

案例故事

　　小壹是一个 16 岁的高一女孩，父母离异随母亲生活。在妈妈眼中，小壹从小就是她的骄傲，小学、初中的成绩一直保持在县里的前三名，学习上从来没有让她操过心。除了成绩优秀以外，小壹也非常听话，善解人意，很少哭闹，在学校人缘也不错，是典型的"别人家的孩子"，同学眼中的"学霸"，唯一让妈妈担心的可能就是女儿比较敏感，有心里话也不跟大人讲，但这根本不影响女儿在妈妈眼中的"完美"形象。

　　初中结束如愿保送到省城重点高中后，小壹的身边遇到了大批同自己一样优秀的同学，她逐渐担心自己不够优秀，开始比以前更加严苛地要求自己，她总是宿舍里最早起床、晚自习最后一个走的人，即便这样努力，成绩也才勉强保持在班里的中上水平。可能就是太想进步，反而影响了发挥，高一上学期的期中考试结果很不理想，紧跟着，这个曾经同学眼中的"学霸"、老师眼中的骄子、妈妈眼中的"完美"女儿，"突然"就变了，无论大人如何劝说，小壹都不愿意去上学了。

起初，妈妈认为是女儿学习压力过大，加上青春期叛逆，可能过两天就改主意了，万万没想到，此后的 3 个月里，女儿不仅没有复学的打算，反而开始沉迷游戏，作息颠倒……妈妈万分焦虑，乱成一团，无法理解女儿现在的"不务正业"，无奈之下，把孩子带到医院心理科，医生给出的诊断是"抑郁症"。

妈妈的内心独白：这 3 个月来，我精神恍惚、夜夜失眠，不敢相信明明以前那么懂事又聪明的女儿，现在怎么就像变了一个人一样。这么多年来，因为没能给孩子一个完整的家庭，我对女儿一直有很多的内疚。我没有再婚，女儿就是我现在生活的全部。我经常对自己说无论多么辛苦，都要给女儿创造最好的生活，别的小孩有的我都给女儿买，各种培训班、兴趣班也是能报就报。从小我对她要求也很严格，生怕她的人生发生什么闪失，给女儿叮嘱最多的就是："我的人生就这样了，嫁给你爸爸这个不负责的男人，你一定不能像我一样，你要好好学习，不能比别人差，这样妈妈这么多年的打拼就值了。" 小壹也确实很争气，从小不管是在兴趣班、补习班还是学校，一直都是成绩优秀的几个学生之一。她的作业从来不用我费心，都是自觉完成，她一直是我的骄傲。每当逢年过节，听着亲戚朋友对女儿的夸奖，看到他们投来羡慕的目光，我心里总是说不出的满足。我原本觉得女儿的一生就会这么顺顺利利、风风光光地走下去了，考上名牌大学，找一份高收入、稳定的工作，家庭幸福。可当看到医院病历诊断的一瞬间，我的大脑一片空白，眼里充满了迷惑和绝望。迷惑的是，孩子的姑姑也患过抑郁症，她姑姑有段时间注意力很差上不了班，整天情绪低落，没有兴趣，睡不着觉，不工作也感觉很累，跟女儿现在很不一样；绝望的是，之前一直觉得女儿不上学是游戏害的，没想到却是心理出了问题。

小壹的内心独白：父母在我 5 岁时离婚了，具体原因我也不清楚。这些年，我一直跟着妈妈过，爸爸和我们基本不来往。我妈妈很要强，也很厉害，她自己创业，生意在县里做得很好。从小她对我的期待就特别高，要求特别严。高中前，我的成绩一直很好，不是我比别人懂事或者聪明，而是每当我想要松懈的念头一出来，我就会觉得这样想是不对的，对不起妈妈，我特别害怕成绩不好，让妈妈失望。在学校里与人相处，我会控制不住地在意老师和同学对我的看法，虽然大家对我都很好，但还是会觉得很累。每次想给妈妈说我的感受，都需要好多时间去鼓足勇气，因为我很怕说出来会让妈妈担心。上高中以后，新环境的学习压力变得非常大，即使我再怎么努力，距离原来的名次，还是很远，一个声音说"我应该更拼一些，不能给妈妈丢脸"，但是心里同时又有另一个声音，跟我说"我好累，需要休息和放松"，这样的矛盾心理让我非常难受。终于在期中考试失利后，突然就没有去上学的动力了，好像心里面有东西垮了，看着妈妈期待的眼神，听着妈妈讲的道理，我的心里又像有什么东西堵住了一样，说不清楚地压抑和烦躁，这段时间，幸好有游戏陪着我，让我暂时有个喘息的空间，我很讨厌自己的现状，进退两难。

专家解析

1. 为什么小壹会患抑郁症呢？

如果小壹的人生能够一如妈妈期望的那样平稳地走下去，也许是一件好事，但是没有挫折的人生其实并不存在。在小学和初中被封为"学霸"的小壹，进入省重点高中后遇到了大批优秀的同学，她不再是别人眼中的骄子，心里的落差可想而知。同时，她心中充满了因为与同学的竞争而产生的不安感。这种不安感一部分来自尖子学校高压的竞争氛围，另一部分也与小壹自小就习惯把自己和别人比较有关。对她而言，自己的价值感主要在于把别的孩子比下去，而不在于自己客观上的优秀。而这种思维模式的起源，在"妈妈的内心独白"中能够看到非常清晰的影子。从小到大，小壹不是为了自己的未来在学习，而是为了"看似光鲜的、优秀的、从不让妈妈失望的、人人羡慕的别人家的孩子"的名号在活着。这种虚幻的自我成就感在没有遇到挫折时还能勉强维持，一旦出现挫折，便会瞬间坍塌。小壹正是如此：期中考试的失利，让她感到支撑自己的唯一资本——优秀的学习成绩——没有了。她感觉自己再也不是那个能让妈妈引以为傲的孩子，再也不是同学和老师眼中光鲜的"学霸"，失落、郁闷、自责、愤怒、无奈、羞愧，所有的情绪如海啸一般同时袭来，冲击着小壹原本就不牢靠的骄傲。另外，妈妈在面对女儿的情绪时，缺乏理解和支持，还有她所表现出的比女儿更加不安的情绪，对小壹来说无疑是雪上加霜。小壹患抑郁症是激烈的同辈竞争、妈妈的期待及焦虑、父母的不幸婚姻、家庭的教育理念和医学问题等多重因素同时存在、相互影响、互为因果的结果。

2.青少年的抑郁与成人抑郁有什么不同呢？

"妈妈的内心独白"反映了成人抑郁更加典型，有明显的"三低"症状，即情绪低落、思维迟钝和动作减少。而青少年抑郁症患者相对成人抑郁症患者，早期症状不典型且更加隐匿，更多偏向于行为方面，如厌学、恐学、游戏成瘾等，很容易与青春期的叛逆、家长眼中的不听话混淆。除此之外，当孩子出现心烦易怒、自伤自残及各种躯体不适但检查没有发现异常时，我们建议家长及时带孩子前往医院精神科或心理科就诊。同时，小壹展现出的厌学是孩子常有的心理状态，理智上觉得该去上学，情感上又充满了恐惧和不安。而父母的反应，和绝大多数家长面对孩子厌学时的本能反应一样，就是想怎样才能让孩子重新回去上学，却忽略了孩子心中的纠结和痛苦。而游戏也从来不是独立于现实生活存在的，它只是用积极的情绪、活动和体验填补了现实生活的空缺，而"病根儿"往往出在家庭内部。

3. 男生和女生抑郁患病情况有差异吗？

青春期是抑郁症的高发阶段且女生抑郁患病率高于男生。研究表明，有 1/3 的青少年曾经有过情绪压抑的阶段，其中又有 1/3 到 1/2 的青少年在某阶段的表现符合抑郁症的诊断标准。而男女性别差异导致的患病率差异，一方面是因为女孩比男孩发育得早，同时经历的变化更多，包括明显的生理周期和激素变化；另一方面是因为女孩和男孩应对压力的方法不同，女孩更有可能将情感藏在心底，而男孩更多的是分散自己的注意力或是把内心的情感释放出来。

专家支招 〉)))

▶ **对于孩子**

建议首先找一个安全、信任、支持性的空间和人，聊一聊不能和妈妈或同学讨论的问题，比如尝试表达成绩焦虑背后压抑在心底的苦闷，如果小壹能觉察到情绪，并将其表达出来，这个将潜意识意识化的过程本身就对负面情绪的缓解非常有益。其次，如果换个视角，"游戏"这个东西有时也会变得很可爱，因为通过深入地了解它，小壹可以清楚地知道什么才是自己真正想要的，比如游戏可能会给小壹提供安全感，游戏可能会让小壹不那么自卑，游戏可能会让小壹有控制感和确定性，甚至沉迷游戏可能仅仅是一个表象，沉迷游戏只是小壹在长期得不到正向注意与关怀后发展出的负面行为，想以此获得父母的注意。最后，想分享给小壹的话是"生命不是一个跑道，而是一片草原，每一个孩子都能在这片广袤的草原上肆意奔腾"。期待小壹关注自身优势和资源，找到学习之外真正属于自己的理想，明确学习本身对自己的价值和意义，逐步增强抗挫力和复原力。希望当笼罩在小壹内心的这片迷雾消散后，她能重新找回属于自己的动力。

▶ 对于家长

现实生活中，很多家长面对孩子"突然厌学"等早期不典型的抑郁症状时，总是忍不住先去批判他、纠正他，结果往往适得其反。不妨试试先从"怎样才能让孩子回学校"的问题上抽身出来，循序渐进地接近和探寻孩子厌学、拒学和游戏成瘾行为背后隐藏的"真相"，然后用恰当的方式靠近和回应女儿情绪，理解她的痛苦，为她的进步点赞，给小壹建立一个彼此理解和安慰的家庭环境。另外，尝试使用"六步法"，帮助孩子树立理想，找到生命的意义：第一，关注自己的生活，做能够反思、整理和接纳自身焦虑的家长；第二，在日常生活中观察孩子具备哪些天赋，对哪些事物感兴趣；第三，为孩子创造条件和机会，让她有机会单纯地出于喜欢去接触自己感兴趣的事；第四，及时给孩子点赞，夸赞孩子的努力和具体表现；第五，在条件允许的情况下，带孩子体验与他们感兴趣的事相关的职业；第六，在孩子面前表达对自己和伴侣职业成就的欣赏，让孩子体会到有一份自己乐于追求的事业和梦想，是一件幸福的事儿。

▶ **对于学校**

面对越来越多的孩子陷入抑郁之网，极端行为呈高发态势，学校可以尝试"三步走"，守护青少年的身心健康：

一是立足自身，按照"及早预防、及时疏导、有效干预"思路，营造健康积极的成长氛围，加强心理教师骨干队伍建设，第一时间给像"小壹"这样的孩子提供支持性的咨询沟通，帮助学生顺利度过危机；二是"医、校、家"三方联动，深入了解出现情绪症状学生背后的原因和意义，加强沟通、携手努力、综合干预；三是探索新时代背景下心理健康新模式，关注儿童青少年抑郁焦虑问题解决的创新方案和前沿科技，将"AI 心理咨询机器人""心理数字疗法"与传统方式有机结合，进一步丰富和完善校园心理健康服务体系。

第 4 节

焦虑和抑郁到底有什么不同呢？

蒋振虹

案例故事

　　小冰和小晨在小学阶段是一对关系要好的闺蜜，她们的母亲也是一起工作的同事。她俩毕业后各自进入了不同的初中学习，进入初二后，两人的联系越来越少了。小冰刚进入初中时成绩比较优异，一直名列前茅，但自从开始学习理科学科后，她渐渐在学习上开始感到吃力，虽然成绩依旧能保持在前十名内，但是她发现自己注意力很难集中，难以跟上老师上课的进度，做作业时也总感觉紧张，有时不停地抓自己的头发、咬指甲，总担心自己成绩会一落千丈，被别人比下去。每次考试时小冰都坐立不安、心慌、手抖，反复有想上厕所的感觉，有时大脑一片空白，什么都想不起来。可是当小冰将自己的情况告诉妈妈时，妈妈却说："大家都在一起学习，为什么别人都能学好，就你不能，你是不是自己上课不认真啊？"小冰感到很伤心，她不明白妈妈为什么不能理解自己，渐渐地她也不再跟妈妈讲有关学习的事情。

随着时间的推移，小冰的状态一天比一天糟糕，每天都睡不好觉，躺在床上控制不住地会回想当天发生的事情，有时整夜都无法入睡，有时凌晨突然惊醒，惊醒之后就再也没法睡着了，第二天整个人都是无精打采的，上课完全听不进去，成绩直线下滑。

在一次月考的时候，小冰突然感到心慌、胸口发闷、喘不上气，全身不停地发抖，监考老师发现后赶紧通知学校将小冰送到医院急诊科，做了一系列检查没有发现什么异常，小冰的症状也逐渐缓解。可自从这件事情后，小冰每天都会出现 1 到 2 次这样的状态，有时是在做作业的时候，有时是在家里吃饭的时候，每次到医院做了检查又一切正常，甚至有时还在去医院的路上，小冰的症状就已经完全缓解。小冰感到很害怕，为什么医院检查不出来原因，自己会不会得了什么怪病。她整日忧心忡忡，经常会觉得全身莫名地出汗、手抖、头痛、心慌，每天都在担心自己会不会哪一天就突然死掉。因为每次小冰发作的时候都没有固定的时间，没有固定的地方，所以小冰也很担心,万一哪一天在地铁上或者其他人很多的地方自己又出现了这种情况怎么办,周围人就都知道自己得病了,那时自己一定会很丢脸。渐渐地,她每天上学和放学都会走一条比较偏僻、人少的小路,害怕别人看见自己发作的样子,但会要求妈妈每天接送自己,担心发作时没有人能够救自己。小冰妈妈看见小冰这个样子也很伤心,但又不知道该如何帮助她。

有一天,小冰妈妈在和小晨妈妈聊天时提到了小冰的事情。小晨妈妈建议将小冰带到精神科去看病。原来,前段时间,小晨也生病了。小晨本来是一个很开朗的小女孩,可是 1 个月前突然变得整天愁眉苦脸,高兴不起来,上课常常走神,下课了也不和同学们一起玩,自己一个人坐在座位上发呆,班级里的活动都不参加,连她最喜欢的舞蹈课也不上了,回到家后就把门反锁起来。父母都认为孩子可能最近压力太大了,也没有引起重视。直到有一天,老师无意中发现小晨的手臂上有很多划痕,才意识到小晨可能抑郁了,于是赶紧通知父母将小晨送到精神科就诊,医生的诊断结果是"中度抑郁"。通过一段时间的药物治疗和心理治疗后,小晨的病情得到了明显的改善,恢复了以往的活力。小冰妈妈这才意识到孩子之前已经给自己发出了求救的信号，可自己居然大意地忽略了她的感受，感到特别自责。

第二天小冰父母便陪着小冰去精神科就诊，而医生给小冰下的是"重度焦虑伴轻度抑郁"的诊断，同时也为她制订了相应的药物治疗和心理治疗方案。经过一个疗程的治疗后，小冰的症状得到一定的改善，心慌、胸闷、呼吸困难等症状逐渐消失，也不会反复出现紧张、担忧的感觉，同时也能够专注学习，成绩渐渐地也有了一定的提升，在遇见困难时也渐渐主动和妈妈一起探讨。妈妈看见小冰的变化，脸上终于露出了笑容。

专家解析

1. 正常人也会有焦虑的体验，但怎么判断自己是病态的焦虑呢？

焦虑是带有不愉快情绪色调的正常适应行为，含有对危险、威胁努力回避，对某些需求特别努力，但对此又无能为力的苦恼的强烈预期。一定程度的焦虑是维持个体警觉性、促进躯体的代谢活动和维持基本的精神活动的重要因素。但如果没有相应的刺激源而仍旧产生焦虑，或者对于刺激所产生的心理和躯体反应明显与群体中的多数面对同样刺激所产生的反应不同，或超过所处群体面对同样刺激所出现的持续时间，个体感到自己焦虑出现得不合理，但又没有办法控制，感到痛苦，这种情况就属于病理性的焦虑。本案例中的小冰因为学习压力这个刺激源逐渐出现一些焦虑的体验，比如总感觉紧张不安，抓头发，咬指甲，总担心自己被别人比下去，反复回想学校里发生的事情等，这种体验的程度及持续时间明显与大多数同学面对学习压力产生的焦虑体验不同，这就是我们所指的病理性的焦虑。也正是因为这种病理性的焦虑持续的积累，没能够得到及时的处理，所以小冰的病情也变得越来越严重。

2. 什么是焦虑症呢？

焦虑症是神经症这一大类疾病中最常见的一种，以焦虑情绪体验为主要特征，可分为慢性焦虑和急性焦虑两种形式。案例中的小冰存在慢性焦虑和急性焦虑这两种表现形式。其中慢性焦虑，又名广泛性焦虑，主要表现为：（1）患者经常出现与现实情境不符的过分担心、紧张忧虑，或没有明显诱因地产生惶恐不安的感受；（2）伴随着明显的躯体不适症状，常见的有头昏、头痛、心慌、肌肉疼痛，出汗、尿频等；（3）坐立不安，烦躁，静不下心。而急性焦虑，又名惊恐发作，主要表现为：（1）发作时患者出现心悸，濒死感、窒息感，以及失控感等症状，伴有极度恐惧的心理，同时还会有神经系统功能紊乱的表现，如出汗、头晕、乏力，皮肤或者肢体的麻木等；（2）发作突然，不可预期，没有特定的场所和特定的时间；（3）一般持续几分钟到数小时，大多数患者在1小时内会自行缓解，发作时患者意识清醒；（4）发作时患者往往会因为体验到濒死感，拨打"120"急救电话或去医院急诊科就诊。即使做了各种各样的检查，但检查结果大多都正常，无法明确诊断。所以小冰在这种急性焦虑经常发作后仍然会感到极度的恐惧，担心自己发作时没法及时获救，所以会要求妈妈每天接送自己。

3. 焦虑症的发病原因是什么呢？

目前，有关焦虑症的发病原因尚未明确，有研究认为焦虑症是环境因素与易感因素共同作用的结果。易感因素是由遗传决定的，也有学说认为对于病前性格自卑、缺乏自信、胆小怕事、谨小慎微的人，即使轻微的挫折和不满也可成为诱发因素。

4. 焦虑症和抑郁症有什么区别呢？

很多人会认为焦虑症和抑郁症是同一种心理疾病，但两者之间存在着显著的差异。抑郁症主要表现为情绪低落、快感缺失、兴趣减退，同时伴有言语活动的减少、记忆力下降、思维迟钝等表现，对待事物情绪悲观消极，严重者可能会出现轻生的念头，甚至出现自杀、自伤的行为。而焦虑症主要表现为过分地担忧、紧张、恐惧，常常伴随有呼吸急促、心慌、出汗、尿频等一系列的躯体症状，一般不会出现消极自杀的念头。但抑郁症和焦虑症有时候会像孪生兄弟一样无法分开，某些患者的抑郁情绪和焦虑情绪会混合出现或者先后出现。比如当患者长期处于过分的紧张、恐惧状态，躯体长期备受煎熬时，可能也会出现情绪低落、悲观消极等抑郁症的表现。同样当患者持续出现情绪低落、兴趣减退等抑郁症的表现后，也可能会继发产生一些焦虑症的体验。

专家支招 🗨

▶ **对于孩子**

（1）培养乐观的生活态度。无论遇到什么困难和挫折都以积极乐观的态度去面对，相信总会有解决问题的办法，充满信心和希望去面对生活的每一天。

（2）正视自己的情绪问题。尝试去寻找出现这种情绪障碍的原因，是现实和目标差距太大，还是对未来的期待太高，尽量避免去制定超出自己能力范围过高的目标。

（3）建立规律的作息时间，学会转移注意力。有计划地做一些能够使自己获得快乐和自信的活动，比如做自己感兴趣的事情，如果没有这种事情，那么就去发掘自己的兴趣爱好，最好能够培养一种运动方式作为自己的兴趣，因为坚持运动可以改变人的精神状态，同时也有益于我们的身体健康。当发现自己被不良的情绪占据时，尝试去转移注意力，比如可以做一些深呼吸或者肌肉放松的训练，听一些轻音乐，变换环境，参加户外活动，亲近大自然等，这些都是有助于维持心情愉悦的方式。当你沉浸在这些新的活动中时，你会发现在不知觉中无暇顾及之前的感受。

（4）适当发泄寄存在于心中的不良情绪。如果长期过分地压抑自己的情绪，只会使这种情绪的困扰日益增长，通过适度的宣泄，可以将消极的情绪释放出来，从而使心情得到舒缓。比如可以通过记日记的方式，也可以及时和老师、家长或自己信赖的人沟通自己的情绪行为问题，学会倾诉释放。当出现消极观念时及时求助，积极获取家人及朋友的支持，必要时求助心理咨询热线电话，或者到专业机构就诊，接受相应的药物治疗。

▶ 对于家长

（1）和孩子平等地开展交流。这是让孩子打开心门、接受父母帮助的第一步。交流中应当避免使用命令、要求的句子，如"你必须……""你一定……"等。面对青春期的孩子时，父母更应当将他们当作"大人"来看待，让他们体会到更多的尊重与自主性。

（2）接纳孩子的情绪，而非说教与训斥。面对孩子诸多棘手的情绪问题，父母可以更多地与孩子沟通并共情他们的情绪感受，比如说"我感觉到你很难过""你最近看上去不太开心，能和我讲讲吗？我希望能够帮助到你"，而非那些传统的说教和训斥："你都这么大了，应该学会控制自己了""这些小事你都做不好，真笨，活着有什么用""为什么别人都可以，你就不行，怎么不想想自己的原因"等。

（3）给予孩子有效的陪伴和一定的支持、鼓励，能够冷静倾听孩子想要表达的内容，及时和学校方面沟通孩子的问题，必要时尽快带孩子去专业机构进行系统规范的诊断和治疗，严格遵照医嘱。

（4）除了带孩子接受治疗，父母还需要学会改变自己。处理好自身的情绪问题，避免将自身的不良情绪转嫁到孩子身上。积极寻找家庭、婚姻，甚至是自我成长中存在的问题，改变与伴侣、父母、孩子不良的相处模式和方法。家庭环境的改善，为孩子重新接纳父母提供了平坦的大道。

（5）面对自身难以处理的家庭问题、难以调和的亲子矛盾，家长应当主动寻求专业帮助。父母应当与孩子、心理医生形成治疗联盟，帮助孩子从疾病状态回归正常生活。

▶ **对于学校**

（1）给予在校学生心理上更多的关注，开设心理健康课程，正确引导家长学会如何构建温暖和谐的家庭环境让孩子健康成长，如何培养孩子健康阳光、和善向上的性格，如何看待和引导孩子学习压力、早恋问题，当出现家庭校园暴力、父母离异等应激事件时，如何对孩子进行及时有效的心理干预。

（2）开设心理健康讲堂，让老师和家长学会正确识别焦虑和抑郁情绪，当孩子出现某些信号时，能够及时引起警惕，而不是单纯地用"青春叛逆""早恋烦恼""学习压力""性格、思想问题"等来片面定论。

（3）设立校园心理咨询处，普及儿童青少年心理障碍的知识，对出现严重心理障碍的学生及时通知家属送医，减小自杀、自伤行为风险的发生概率。

（4）安排充足的运动时间，丰富青少年的课余生活，适度减压，不要让课业学习变成青少年拼命想要摆脱的外在束缚。

第 5 节
抑郁治疗必读宝典

周新雨　　刘睿冰

案例故事

　　我叫小月，是一名高二的学生，这段时间不知为何，心情突然变得特别糟糕。白天上课时，我经常走神，老师讲的内容一点都听不进去，反应变得迟钝，不怎么能专心学习，记忆力也变差了，对我以前热爱的绘画都提不起兴趣，容易疲倦。可到了晚上，我却经常整夜整夜地失眠。最近老师也发现我有点不对劲儿，给我预约了学校的心理老师。和心理老师交谈后，老师觉得我可能得了抑郁症，建议我去医院看看。回到家，我向父母诉说，我好像患上了抑郁症，他们以为只是我学习压力太大，引起的短暂心情不好，让我不要胡思乱想，在周末的时候，也带我出去散心游玩，但我的心情始终不见好转。我听说隔壁班的小明得了抑郁症，请假去医院治疗了，他们班的同学对此也议论纷纷，我想去但又不敢去医院，我害怕会脱离自己的人生轨迹。但我好像真的无法再坚持下去了，这两个月，我常常用小刀划自己的手臂，哪怕天气再热，我也不敢穿短袖，我怕别人会看见我的伤痕。我的脑子里总是闪现出死亡的画面，有时会想："我真的好累，是不是我死了，就解脱了。"

我的情况一天比一天差，最终在老师的一再要求下，父母带我去了精神科心理门诊，医生给出的诊断是"重度抑郁"。拿到诊断的那一刻，我的父母非常难过，仿佛下一秒天都要塌了，他们拿着结果不停地追问医生，"为什么我的女儿会得抑郁症？""她只是压力大了些，能不能先不吃药，她自己调节一下心态就会好？"听着他们的话，我默默流泪，他们好像从来没有真正地了解过我。在学校里，老师们一再强调成绩，同学们每天默默埋头学习，氛围压抑。在家里，爸爸妈妈也十分严厉，我记得高一下学期的期末考试我考差了，父母嘴上说："你要放松心态，没有什么大不了的，下次努力。"但他们在之后生活表现中、在与别的叔叔阿姨的谈话内容中，都或明或暗地让我感到一股无形的压力。在学校和家庭中，我丝毫都没有喘息的机会。表面上我还是装作原来那个文静懂事的女孩，我怕同学们异样的目光，我不愿当第二个小明。我也怕父母不能理解我，对我失望，对我进行更严厉的批评。

医生让焦急的父母平复下来，就抑郁症的危害和治疗方面给予了耐心的解释，父母终于能够正确认识抑郁症，并接受了医生提出的药物治疗和心理治疗方案。他们给我请了假，每天按时给我吃药，带我进行心理治疗。在药物治疗和心理治疗两者的加持下，我终于不再整晚失眠，爸爸妈妈也经常陪伴在我身边，耐心地与我对话，给我安排户外活动。前几天，他们每天都带我出去散步，在江边吹吹风，今天，又带我出去打了一场羽毛球；后天，安排我和他们一起跑步。虽然刚开始很难，但他们一直陪伴着我，鼓励着我，我也在每天的运动中，逐渐感受到了开心愉快。

我的朋友们也给予了我支持。我总是觉得自己什么事情都做不好，什么都比不上别人，没有自信，这时我的朋友会及时打断我的思维，纠正我的想法，让我明白自己身上也是有闪光点的。我很庆幸能有他们这群好朋友。慢慢地，我在看以前喜欢的喜剧片时又能哈哈大笑，在我擅长的绘画中又能感受到快乐了。

虽然偶尔我还是会心情沮丧，但父母一直陪在我身边，在慢慢地敞开心扉后，他们惊讶地发现原来我是个小话痨，而非他们印象中内向、文静的孩子。

经过两个月的治疗后，我终于能重新回到学校。我非常想念校园生活，但我也十分紧张，害怕同学们因为我得了抑郁症就孤立我，用有色眼镜看待我，害怕老师们区别对待我，我低着头，默默地走进教室，默默地坐在我的位置上。这时，同桌小朱拍了拍我，笑着说："小月，你终于回来啦！"同学们都围了过来，给我讲述最近发生的事情，也询问了我的健康状况。我发现，大家依然能够聊以前开心的事情。有不懂的问题，老师也耐心地指导我，帮助我。我以为我再也无法正常生活学习，但父母、老师和同学们的关心，让我又重新看到了生活中的色彩，我相信我一定能战胜抑郁，找回以前的自己。

专家解析

1. 为什么文中的小月不愿意就医呢？

文中的女孩小月不愿意就医，是抑郁症带来的病耻感使然。病耻感是指患者所表现的一种负性情绪体验，且往往和自我污名化产生联系，其会对患者社会功能康复产生不利影响。这种心理不仅来自患者本人，也可能来自患者的家人。其实，每个人都有可能患上抑郁症，我们应正确看待它，尽早去专业机构诊断治疗。只有去专业机构深入了解自己的病情，并学会如何自我干预，才能够战胜病耻感，进而规范、合理地治疗抑郁症。

2. 目前治疗抑郁症有哪些专业方法呢？

（1）心理治疗：心理治疗主要是指通过和专业精神心理科医生谈话、交流来进行治疗。大量临床研究支持心理治疗作为儿童青少年轻度抑郁症的首选一线治疗方法。目前，常用的心理疗法有认知行为疗法（CBT）、人际心理疗法（IPT）、家庭疗法（FT）等。心理治疗对轻、中度抑郁症的疗效与抗抑郁药疗效相仿。需要注意的是，对于严重的或内源性抑郁，往往不能单独使用心理治疗，需要在药物基础上联合使用。

（2）药物治疗：药物治疗是治疗抑郁症的主要方法，医生会根据疾病的严重程度，调整药物剂量，让孩子的抑郁症情况得到较好的控制，由于每个人对药物的敏感程度不一，

除常用非处方药外，医生会充分结合个人情况选择最合适的
药物。需要注意的是，精神类药品应在医生指导下，严格
遵照医嘱服用。目前，临床上推荐使用的抗抑郁药物主要
有 5 类，①选择性 5-羟色胺再摄取抑制剂（SSRIs），比
如氟西汀、帕罗西汀、舍曲林、氟伏沙明、西酞普兰和艾
司西酞普兰等；② 5-羟色胺和去甲肾上腺素再摄取抑制剂
（SNRIs），比如文法拉辛；③去甲肾上腺素和特异性 5-
羟色胺能再摄取抑制剂（NaSSAs），比如米氮平；④去甲
肾上腺素多巴胺回收抑制剂，比如丁胺苯丙酮；⑤三环类
药物（TCAs），比如丙咪嗪。

（3）物理治疗：①重复经颅磁刺激术（rTMS）是一种
非侵入性无痛无创的绿色疗法，它是利用电生理治疗技术，
使用高频磁刺激大脑左前额叶，增强局部神经元活动；使用
低频磁刺激右前额叶，减弱局部神经元活动，两者均可产生
抗抑郁作用。②电休克疗法（ECT）是利用短暂适量的电流
刺激大脑，引起患者短暂意识丧失和全身抽搐的一种治疗精
神疾病的方法，已被发现是一种有效和安全的治疗青少年精
神疾病的方法。而改良电休克疗法（mECT）在治疗前使用肌

松剂和静脉麻醉药以提高安全性和舒适性，因具有不良反应少、耐受性高、安全性高等优点而逐渐取代了传统的 ECT 电休克疗法。一般在药物治疗及心理干预均无效时采用，对于难治性青少年抑郁症疗效显著。

（4）运动治疗：对于不同程度的抑郁症患者来说，最重要的治疗之一是运动。研究表明，即使是微小的行为改变也可以获得显著的心理健康益处，如步行或骑自行车等。短期的运动能帮助患者变得更活跃、更有改变的动力，这样做能够即时地改善情绪，而长期持久的运动，不仅能改变情绪，更能拓宽患者认知世界的方式，从而增加患者的信心。

专家支招))

▶ **对于孩子**

（1）学会表达，当发现自己有抑郁症信号时，比如觉得自己干什么都没有兴趣，心情总是闷闷不乐，一定要告知身边的亲人、朋友，寻求帮助。千万不要觉得难以启齿，这个时候，你是最需要他们帮助的，家人的关爱和友情的陪伴都能让你更早地就医，发现抑郁症。

（2）接纳自己，学会自我宽容与关怀。平时多给自己一份欣赏，少一份自责。多多发现自己的潜能，积极认真对待自我，找回那个自己喜欢的自己。

（3）改善生活方式，学会正确解压。当发现自己内心积压过多负面情绪时，可以选择做一些体育运动促进身体分泌多巴胺，保持心情愉悦。也可以通过正念冥想或自我内心探索训练来释压，愉悦大脑。

（4）遵医嘱按时服药，必要时接受心理治疗，正规的治疗能有效缓解甚至治愈抑郁症，确诊后一定要树立信心，相信在医生的帮助下能恢复健康，重回校园。

▶ **对于家长**

（1）正视抑郁症，积极帮助孩子尽早到正规医院接受专业精神心理科医生的治疗，在孩子发出"求救"信号时，家长应该予以高度重视，抑郁症早期的治愈率相对较高，但是随着患病时间的延长，治疗难度也会不断提高，病情严重者，甚至可能选择自杀、自伤等极端方式伤害自己，因此建议家长及时带孩子就医，使孩子可以尽早摆脱伤害。

（2）做到充分理解、关心孩子，并且给予孩子所需的爱，让孩子感到快乐，在孩子需要安慰时，给予孩子心理上的支持，多理解，多鼓励，多倾听孩子的内心感受。

（3）家长自身也不要过分焦虑，不要觉得抑郁症无法治愈，要从科学的视角看待抑郁，遵从医嘱，树立战胜抑郁症的信心。平时保持轻松愉快，以此来感染孩子，起到好的引导效果。

（4）建议家长平时督促孩子坚持遵医嘱服用药物，定期到门诊复查。

▶ **对于学校**

（1）重视孩子的心理健康问题。对于有心理健康问题的孩子，校方需耐心疏导，积极帮助其联系家长，尽早就医。

（2）重视孩子的运动情况。研究表明，运动对调节抑郁情绪具有较好的效果，特别是对于儿童青少年，抑郁症容易影响他们的身体健康，导致发育不良，在这个时候运动可以对抗抑郁症带来的各种不适。所以学校老师一定要重视孩子的运动情况，保证每天可以进行三十分钟以上的户外运动。

（3）确保孩子在疾病治愈后能重返学校，继续接受教育，并积极做好其他学生的心理健康教育工作，让他们能正常对待抑郁症治愈后返校的学生。

第6节

神奇的心理治疗是如何干掉抑郁的？

王 婷

案例故事

"最近半年，我开心不起来，对一切丧失兴趣，能力好像被别人偷走了，反复问自己活下去的意义是什么，感觉拖累了家人，自己真的很没用，厌学，烦躁，注意力不集中，缺乏力量感，孤单，迷茫，不知道怎么才能走出来……"饱受困扰的小美，终于被家人拉去了医院，被确诊为抑郁发作，医生告诉小美，她目前需要接受药物治疗及心理治疗。根据小美的情况，医生给她制订了详细的药物治疗方案，但是对于心理治疗，小美有很多疑惑："不就是聊天吗？""和一个陌生人聊天，有什么效果？""收费还这么贵！""我告诉心理治疗师的事情，会不会被他们泄露出去呢？"虽然小美的父母也支持小美接受心理治疗，但是对心理治疗具体是怎么起作用的很迷惑，对于如何选择心理治疗师更是无从下手。

通过熟人介绍，他们来到一家心理咨询工作室，进去后只有一个工作人员在里面，既是"心理咨询师"又是"前台"的工作人员，接待了小美和家人。工作人员简要了解情况后就开始口若悬河地介绍起自己工作室的创始经历和自己的治疗经验，最后心理咨询师向小美保证"20 次肯定能好，从来没失手过""我这里还有一种'超级疗愈'的服务，5 万元包年，随叫随到"。小美和家人一致认为这个咨询师很"牛"，突然在他身上看见了"希望"，于是，刷卡买了"最好"的服务——"超级疗愈"系列，就这样咨询开始啦！一开始，心理咨询师还比较有耐心，为小美提供上门或咖啡厅等多变的"咨询"空间服务，及时回复小美微信上的问题，小美也非常满意他提供的服务。但 3 个月过去后，心理咨询师开始以各种理由搪塞，不愿按约定时间做心理咨询，也不回信息，小美的病情也加重了。小美回忆这几个月，主要就是自己和咨询师东拉西扯地聊天，然后听心理咨询师讲述他的成长经历和他的成就。小美曾多次向心理咨询师提出并要求讨论为什么目前的心理咨询没什么效果，但咨询师不为所动，坚持这样继续咨询，且多次临时更改时间、迟到和爽约。有次，小美家人要求查看其工作资质时，他多次推托证件不在身边无法查看，家人突然意识到可能有问题了。

无奈之下，小美一家来到医院，准备接受正规的心理治疗。开始治疗前，心理治疗师和小美一起讨论了心理治疗的目标及设置，一起讨论了之前的心理咨询的利弊和他们的困惑或不满等情绪，最终决定尝试接受认知行为治疗。心理治疗师教授小美如何管理和调节自己的负面情绪，增加愉悦的行为，管理睡眠和饮食，如何改变自己追求完美和非黑即白的极端想法；同时教授小美，在社交中，积极倾听，表达和接受赞美，应用自我表露的方式表达自己的感受和需求，学会在小分歧和冲突中协商和解决问题。让她在面对压力情境时能够轻松应对；同时邀请小美和家人一起参与心理治疗，调整小美家庭成员的彼此期待，进行期待管理，减少互相责备，积极倾听与接纳，同时家庭成员一起学习如何预防抑郁症的复发、如何进行日常情绪的监测，形成更具适应性的思维方式和行为。通过半年定期的心理治疗及药物治疗，小美逐渐好了起来，最终露出久违的笑容。

虽然，设定的心理治疗目标还没有完全实现，小美也仍需积极接受药物治疗，但小美和家人都感觉到彼此的改变，也认识到家人之间的沟通方式，以及自己处世和生活态度，需要共同改变，所以在心理治疗师的帮助下，小美一家人设定了清晰的长期目标，他们都非常有信心陪小美一起朝着更好的方向继续走下去。

专家解析

1. 老百姓眼中的"话疗"真的有用吗？原理是什么呢？

其实打个比喻，心理治疗过程就好像心理治疗师以一种特殊的方式（对话），带着一把特殊的手术刀（共情和抱持），小心翼翼地打开来访者内心中的伤口，理清心理问题形成的过程和根源或是识别思维风格对情绪和行为的影响，进一步重新认识和理解自己的情绪和行为，帮助其修复创伤，重置神经系统过度被激活（如焦虑情绪）或冻结（如抑郁情绪）的反应模式，摆脱原有问题模式和思维的禁锢，改善焦虑、抑郁等情绪，是一次修复脑部神经系统的"外科手术"。青少年心理治疗，不能仅仅局限于青少年本人，还需要去了解所有家庭成员的人格特质、相互的期待、沟通方式以及行为方式，才能帮助家庭更好地理解和接纳彼此，增加契合度，从而改善青少年抑郁情绪，增加社会支持度。

2. 接受心理治疗的青少年的疗效受哪些因素影响？

心理治疗受很多因素的影响。开始前双方商定的心理治疗设置，如心理治疗规则，固定的心理治疗时间和地点，固定的治疗时长和收费标准，平等且抱持的治疗关系，明确的治疗目标等外在因素，均可正向影响疗效。而抑郁的病程长、复发次数多、家境贫困、童年有受虐史、父母关系欠佳、认知偏执程度较高、自身治疗意愿不强等因素对心理治疗的疗效有负性影响。

3. 心理治疗的理论流派和模式有哪些呢？

经过漫长的发展，目前心理治疗的理论流派和模式众多，其中应用广泛的四个理论流派是精神分析理论、行为理论、认知理论、人本主义理论。而在众多理论流派的支持下，又衍生出各种心理治疗的形式，如团体与个体治疗的形式。在目前一系列的心理治疗中，对于儿童青少年，多版治疗指南一致认为，认知行为疗法、人际关系疗法是抑郁症的常用治疗方法，可以作为抗抑郁药物治疗的替代或补充疗法。患有抑郁症的儿童青少年，往往存在认知扭曲，从而导致抑郁情绪的出现，持续消极地看待自己、世界和未来。在认知行为疗法中，通过学习监控和评估自己的想法，识别自己不同的情绪，学会处理情绪的技巧，认识到自己思维过程中的偏差，增加能使自己愉悦的活动，学会一些放松方法和有效的社交技巧，他们在面对压力情境时能够轻松应对，从而控制情绪、解决问题，形成更具适应性的思维方式和行为。

专家支招

▶ 对于孩子

如果自己长时间地感到不开心，厌学，过度烦躁，注意力不集中，缺乏动力感，觉得持续地不能调整孤独感，感觉自己过度敏感，对很多小事都非常在意，处理同学关系非常费劲……出现这些情况，即使没有被诊断为抑郁发作，也可以寻求心理治疗师的帮助。心理治疗并不是对所有青少年都适用和有效，需要经过专业的精神科医生评估和建议后再进行正规的心理治疗，切勿过高地期待治疗结果。

► **对于家长**

1. **为孩子寻找专业的心理治疗师。**专业的心理治疗师才能真正解决问题。他们一般具备以下特质：毕业于心理学／精神病学专业，具有本科以上学历，具有多年的心理咨询与治疗的系统学习和培训经历，以及大量的实践经验，不仅仅以盈利为目的，不随意抬高价格和增加治疗次数；严格遵守伦理守则和治疗设置，遵守保密原则，不建立治疗关系以外的任何关系，不是青少年家长的同事、朋友、熟人。

2. **治疗时间因治疗目标不同而不同。**以改善各种症状为目的，如焦虑、抑郁情绪等，治疗时间可根据症状持续时间的长短而定，若症状不重，可接受持续数月的、每周1次的短期心理治疗，完成一个阶段性短期目标后就可以投入学习和生活中。而以个人成长和人格完善为目标，如提高社交技巧、增强自信、改变性格等，这些则需要接受长程的心理治疗，这种心理治疗一般耗时更长——1～2年，甚至数年。总之，系统的心理治疗比间断而短暂的好。具体次数还是要根据来访者的具体情况而定。此外，在与心理治疗师工作的过程中，来访者可能会产生各种情绪，如困惑、不满或委屈等，最好开诚布公地与心理治疗师讨论，因为这是心理治疗中非常重要的治疗环节，可能和治疗目标息息相关，分享并讨论才能更好地聚焦心理治疗目标，在当下的关系中收获更多。

▶ 对于学校

（1）学校要多组织一些形式多样的体育锻炼，让学生在活动的时候能享受到更多的乐趣，现在学生的学业压力大，精神紧张，但调节学生情绪的希望不能都放在心理治疗师一个人身上，应该调动所有任课老师的积极性，尤其是体育老师的积极性，心理治疗师和体育老师共同制定合理的放松身心的课程。

（2）学校心理治疗师应该定期对学生的心理健康状况进行调查，及时发现学生的心理问题，尽早进行干预，同时也要与特别需要关照的学生家长进行联系，对他们的就医进行专业的指导。

上幼儿园哭三天，妈妈脱不下的"小棉袄"

邱 田　叶子萱

案例故事

"请问是小亮家长吗？"

"是的，您是？"

"您好，我是小花幼儿园的老师。是这样的，小亮从今早到幼儿园开始就一直在哭，怎么都哄不住，这样下去我也不方便管理班级，更是担心小亮的身体受不了，您方便先把他接回家吗？"

"啊！好的，老师，我马上过来！"

电话都还没来得及挂，小亮妈妈腾地从办公椅上站起来，一边往外跑一边慌忙点着手机跟上司请假。前几天送小亮去幼儿园，分别时他也会哭闹一阵，自己忙着上班也没怎么耐心安抚，只是不断地保证很快就会接他回家。看着小亮每天回到家还是和之前一样听话可爱，她也以为孩子只是刚开始上幼儿园不习惯，过一阵子就好了。"孩子不会是在幼儿园里被欺负了吧？"小亮妈妈强按住心中的不安，火速赶到了幼儿园。

幼儿园门口一大一小两个身影，正是满脸无奈的老师和脸都哭成小包子了的小亮。随着小小的手被老师交给妈妈，小亮的哭声渐渐弱了下来。小亮妈妈反复向老师确认了今天在幼儿园里没有异常，回家后也仔细检查了小亮的身体，并没有任何被伤害的痕迹。

"亮亮，你今天为什么要哭啊？"小亮妈妈蹲下来，轻轻抚摸着小亮的脸颊。

"妈……妈妈……我不……不想去幼儿园……呜……"小亮哽咽着勉强说出一句话，又稀里哗啦地哭了起来。妈妈连忙抱住他，轻轻拍着他的背。

"是幼儿园里有小朋友欺负你吗？老师对你不好吗？"

"不……不是……妈妈，我……我不想去幼儿园……我就是不想去幼儿园嘛！"小亮突然大叫起来，哭得撕心裂肺。见状，妈妈也不敢再问，只好慢慢哄他。

在当天剩下的时间里，妈妈带着小亮出去吃好吃的，也去了他一直想去的游乐园。小亮玩得很开心，可是每当妈妈试探

着提起第二天要回幼儿园时，乌云突然就笼罩了他的小脸，紧

接着又开始号啕大哭。最终，在妈妈的"糖衣炮弹"下，小亮

终于在临睡前勉强答应明天继续回幼儿园上学。

可是第二天，还是发生了同样的事……

"妈妈，你是不是不要我了？""妈妈，你不要把我一个人丢在这里，我害怕……""妈妈，幼儿园里有怪兽，我不要去幼儿园！我不要去！"……尽管小亮妈妈一次次地向小亮解释，她不会抛弃小亮，幼儿园里也没有怪兽，等自己下班了就会来带小亮回家，他还是油盐不进地哭闹着，有一次上学时甚至在幼儿园门口猛地挣脱老师，跌跌撞撞地跑去追妈妈，险些被路上的车撞倒，这把妈妈吓得够呛。

这样折腾了一个多月，小亮的父母也开始失眠，在床上翻来覆去时总想起幼儿园门口小亮哭涨了脸的样子、老师突然打来的电话，还有一次次请假时上司不耐烦的神情……即使白天人坐在办公室里，父母也总是神情忧郁，担心小亮在幼儿园里哭，总想打电话给老师问问孩子现在怎么样了。此刻，小亮的父母也徘徊在崩溃的边缘……

专家解析

1. 小亮为什么不想去上学呢？

小亮的问题在心理学上被称为"幼儿分离性焦虑"。幼儿分离性焦虑是指儿童对与其依恋对象分离感到过度焦虑。这是儿童时期较常见的一种情绪障碍，多发生在幼儿早期，以 3 ～ 5 岁多见。幼儿从家庭迈入幼儿园，环境有了巨大的改变，被称为"心理断乳期"。焦虑会引起孩子生理上的应激反应，长时间焦虑，孩子抵抗力会下降，常常很容易感冒、发烧、肚子疼等。孩子会整日缠住父母，不断要父母注意自己，有时担心父母发生意外，或担心意外灾难会使自己与父母失散等，孩子因此不愿意上幼儿园，到校后哭闹，不主动与其他小朋友交往，甚至表现出头痛、腹痛、恶心等躯体症状。病程可持续数年。不仅是孩子，一些家长也会出现"分离焦虑"，整日焦虑，神经紧绷。

小亮拒绝与妈妈分离，拒绝上幼儿园，一到幼儿园就反复哭闹完全无法适应幼儿园生活的表现就是典型的"幼儿分离性焦虑"。小亮在此之前一直与爸爸妈妈生活在一起，很少离开家庭环境，导致其一旦离开熟悉的环境，需要长时间与父母分离时，就会焦虑不安、哭闹不止，使其完全无法适应新环境的生活。而只要回到父母身边，这一症状很快就会消失。小亮这一表现形成的原因可能是父母在养育过程中采用了过度控制和过度保护的教养方式。故事中小亮的妈妈一听老师说小亮在幼儿园哭闹不止，立马紧张不安地抛下工作赶去幼儿园，担心小亮在学校被人欺负。随后又与老师反复确认小亮在幼儿园有无不良事件发生，反复检查小亮身体，确认其未受到伤害。从这一系列表现也可以窥见其对小亮过度保护的情况。

2."分离性焦虑"究竟是什么呢？

从精神分析的角度来看，分离性焦虑是指自身重要关系受到威胁或中断时感到痛苦的恐惧感，其与自我结构相关。由于一部分自我和客体分化不足，当分离发生时，个体体验到客体和部分自我丧失。

在小亮这个案例中，我们可以看到他的妈妈对其过度保护的抚养方式，这让小亮在自我的形成过程中有一定的倾向发展为自我与客体分化不足。这种体验就好像因为妈妈的离开，他身体的一部分也被带走了一样。在这种亲密的联结中，个体意识不到自己同他人是分开的状态。此时个体内心会产生一种"自我的丧失体验"，会有一种被抛弃感，从而引发焦虑表现，在小亮身上的体现即哭闹不止，拒绝上幼儿园。

专家支招 🔊

▶ 对于家长

（1）减少自身的"分离焦虑"，学会控制好自己的情绪，相信孩子的适应能力。这一点对父母来说尤其重要。幼儿的分离性焦虑与父母的过度保护、过度控制的抚养方式密切相关。从另一个角度来看，这也是父母自身"分离焦虑"的表现。孩子从出生开始就在自己的保护中长大，一旦面临分离的情况，过度保护型父母就会表现出过分担忧、焦虑，具体可能表现为缺乏现实证据地担心孩子是不是被欺负，怀疑孩子在外面受到了伤害，分离前反复叮嘱孩子注意事项等。这无形中给孩子形成一种心理暗示，"外面的世界非常复杂，没有爸爸妈妈在身边，我可能会受到伤害"。父母通过这种方式把自己的压力转移到了孩子身上，引起孩子的分离焦虑。所以父母在面对此类情况时，首先应该控制好自身的情绪，要清楚地感知到自己的焦虑感的存在，知道如何安抚自己的焦虑情绪。且要相信孩子有足够的适应能力，给孩子充分自由的空间。

（2）帮助孩子积极调整生活习惯，培养其生活自理能力。前面提到，幼儿分离焦虑症的形成原因可能是父母在养育过程中的过度保护。这样的孩子从出生开始就被父母过度关注，导致其主体性形成障碍。一旦面临需要与依赖对象分离的情形时就会表现出异于同龄人的焦虑症状。当孩子发生类似情况时，父母应厘清自身定位，协助孩子建立属于自己的健康的规律的生活习惯。积极培养孩子自身的生活自理能力，孩子才不会因为不能自己照顾自己而加重对陌生环境的适应困难。

（3）培养生活能力和融入新团体的好奇心。幼儿园对孩子来说是一个充满好奇但又陌生的地方，孩子想去又有点担心去。家长可以在开学前多跟孩子讲讲幼儿园里的情况，也可以邀请已就读幼儿园的小朋友讲讲幼儿园里有趣的事情，让孩子对幼儿园有一个美好的印象，激发孩子想上幼儿园的愿望和兴趣。家长还可以针对性地选择绘本读给孩子听，如《我爱幼儿园》《幼儿园的一天》等，帮助孩子建立对幼儿园美好生活的好奇和向往，也能淡化分离焦虑。

▶ **对于学校**

设计丰富多彩的游戏活动，运用文学作品和文艺形式陶冶心情，树立榜样。学校应该利用空闲时间设计一些多人参与的娱乐活动，用促进幼儿主体性的发展来带动幼儿身心各方面的发展，改善分离焦虑的症状。在游戏中，幼儿的身体、智力、社会性、情感、审美等各方面都能获得促进和发展。寓教于乐的方式，幼儿更容易接受。同时可带领幼儿阅读一些简单易懂的文学作品，通过了解生动的文学形象，让幼儿树立真实而丰富的榜样。同时，文学作品里各种故事情节及场景转换也能使幼儿获取丰富的世界经验，促进幼儿主体性的形成。

第 8 节
回家话包子，上学装哑巴

案例故事

　　今天是小明上小学以来的第一次家长会，小明妈妈十分重视，早早便来到了学校。家长会上并没有什么特别的事情发生，只是结束后，老师将小明妈妈留了下来，说有些情况想与她交流一下。听了这话，小明妈妈顿时紧张起来：是儿子在学校里闯祸了，还是没好好学习，要被老师批评了？待老师与其他家长告别后，小明妈妈便迫不及待地问道："老师，是小明在学校里出什么事了吗？您说，我回去一定好好批评教育他！"

　　老师笑着说："没有没有，小明在学校里很乖，学习也很认真，只是……这孩子是不是性格比较内向啊？"

　　"内向？老师您在开玩笑吧？小明在家里可是个活脱脱的话包子，要是有人能陪他聊，他能说上三天三夜不休息的。"

　　"那就怪了……很多老师都找我反映，说小明上课时不愿意发言，进行小组讨论时也只是一个人低头悄悄地坐着，教数学的黄老师那天布置了一道有些难度的题，全班只有他一个人做出来了，黄老师便想请他给大家讲讲是怎么做出来的，可他磨磨蹭蹭地站起来，竟涨红了脸也说不出一个字，只好作罢。"

"可能是孩子刚上小学，还不太适应课堂，有些害羞吧？"小明妈妈说。

"我也这样想过。"老师继续道，"但小明妈妈你也知道，这学期已经过半了，大部分小朋友已经和新同学了解、熟悉，下课都是三五成群地在一起玩。可据我的观察，小明从来不加入他们，只在自己的座位上默默坐着，就连上星期开运动会那么热闹的事情，所有孩子都在开开心心地玩闹，也没有见到他跟别的小朋友说句话。"

"这……"小明妈妈一时语塞，她实在不敢相信，她眼里的儿子每天在家里像个小唐僧一般叽叽喳喳说个不停，从前一天晚上做的稀奇古怪的梦到路边看到一朵颜色稀奇的小花，放学回家吃了饭还着急出去找小区里其他孩子玩儿，总要自己催好几遍才肯回家……

"总之呢，学校这边还是希望您回去能与孩子多沟通沟通，我也找他聊过，只是不管怎么问他，他还是什么不肯说，我也只好趁这个机会找你们聊聊。孩子这样下去也不是办法，有必要的话可以去找医生做做检查。"老师小心翼翼地提醒道。

"唉，自从孩他爹跑了，我们孤儿寡母过得也不容易，我平时只顾得上管他吃饱穿暖，看他平时在家里也活泼，怎么也想不到会有这种问题……谢谢老师了，我回去也和他聊聊。"

回到家时，小明正拉着隔壁家小孩叽叽喳喳地说着什么，边说边向门外走去，大概是要出去玩吧。妈妈本想立即将小明拦下，想了想还是让小明先出去了。一个下午过去，小明兴尽回家，她也终于做好了和儿子说说知心话的准备。

"明明，今天开家长会，老师表扬你在学校里听话乖巧呢。"小明妈妈开口说，"但老师还说你有一个小缺点……就是不太爱说话，是这样吗？"

小明听了，脸上的欣喜慢慢消失，垂头丧气地"嗯"了一声。

"为什么呀？我们家明明可是个活泼可爱的乖孩子，愿意跟妈妈说说原因吗？"

见小明低着头不说话，妈妈又继续问道："和学校里的小朋友在一起不好玩吗？还是有点害怕老师呀？"

小明还是低着头，过了半晌才终于憋出来一句："我也不知道……我就是说不出话来，一说话我就会很紧张，后来，大家也不爱和我玩儿了……"

专家解析

1. 小明在学校为什么不愿意说话呢？

故事中小明的症状属于选择性缄默症，具体表现为患儿在家中往往能正常主动说话，但在学校"拒绝"同老师或同学说话。儿童在开始上幼儿园或小学时不说话，家长往往以性格内向和害羞等理由而忽略，造成患儿不能及时被发现和医治。选择性缄默症多在 3～5 岁起病，女孩比较多见。患者在某些特定场合因为焦虑或极度害羞，即使能够说话也不敢开口说话。随着社会压力增加、社会矛盾增多、社会流动性加大、家庭问题和家庭矛盾增多，引发选择性缄默症的因素增多，我国选择性缄默症患儿不但存在，还有增多的趋势。

2. 孩子为什么会发生选择性缄默症？

行为学家认为选择性缄默症是一系列被加强的消极学习

模式所造成的行为问题，是一种"以拒绝说话作为巧妙应对外界环境的惯常反应"。也就是说，缄默状态是患儿处理与所处环境之间相互关系的一种行为表现。行为专家认为患儿的沉默行为是功能性的，主张不良的外界环境是这种状态持续存在的维持因素。因而患儿的这种缄默状态是一种适应行为，而不是病态行为。

选择性缄默症患儿智力发育正常，主要表现为沉默不语，甚至长时间一言不发。这种缄默不语现象具有高选择性，即在一定场合下可以讲话，如对所熟悉的人（爸爸、妈妈、奶奶及某些小伙伴）讲话。拒绝讲话的场合一般是指学校或陌生人面前。少数儿童正相反，在学校说话而在家中不说话。缄默时可用手势、点头、摇头来表示自己的意见，或仅用"是""不""要"等单字来表示，偶用写字的方式表示意见。

本症一般无脑器质性原因。目前认为，本症是精神因素作用于具有某些人格特征的儿童而产生的，可能与以下几个原因有关。

（1）病前具有性格特征：患儿病前往往具有敏感、

胆小、害羞、孤僻、脆弱、依赖等性格特征，患儿的父母常有人格异常和精神障碍。

（2）发育成熟延迟：患儿虽然已经获得语言功能，但开始说话的时间比正常儿童要明显延迟，且常常伴有其他语言问题。还常伴有功能性遗尿、功能性遗粪等其他发育性障碍，其中部分患儿的脑电图表现为不成熟脑电图及其他异常变化。

（3）心理社会因素：患儿早年常有情感创伤的经历，如家庭矛盾冲突、父母关系不和、父母分居离异、父母虐待儿童、家庭环境突变等，有些患儿就是在家庭环境变迁或一次明显的精神刺激后发病。本案例中小明就是生活在单亲家庭中，由母亲一个人抚养。小明妈妈由于工作忙碌，只顾其"吃饱穿暖"，说明小明成长过程中可能存在一定的情感忽视。

（4）语言环境改变：比如出国等，由于儿童对非优势语言的抗拒，或者因为文化冲突，儿童会表现出类似的症状。

专家支招 🔦

▶ **对于孩子**

积极参与丰富的课余活动，培养社交技能。如果孩子无法在陌生的环境中用语言表达自己的想法，特别是在某些公开场合，那么在参与游戏的过程中，幼儿的心态是最无压力的，积极参与丰富的课余活动，可以明显改善孩子的人际关系和对陌生环境的适应能力。同时，在对此类孩子游戏设计中可以适当加入对社交技能的训练，例如倾听技巧、沟通技巧、对周围人群的情绪的识别和反馈，寓教于乐，让孩子在潜移默化中学会如何在陌生环境里与他人建立联系。

▶ **对于家长**

（1）应鼓励孩子运用多种方式进行交流，不替孩子发言。父母不应过度强调语言的重要性，鼓励孩子通过肢体、表情或者悄悄话等形式表达自己的想法。孩子如果存在选择性缄默症的情况，在某种场合下会表现出不愿意说话，此时周围的家人朋友等基于尴尬的情景，可能会予以"帮助"。他们凭借自己对孩子的了解，帮他与别人交流。长此以往，孩子就会形成自己不需要说话，别人比自己说得好等观念，缄默症状就会愈发加重。导致孩子进一步拒绝说话，甚至因为家人要求自己表达而出现暴躁、焦虑、抑郁等表现。所以家人应在各种适宜的场合鼓励孩子表达，给孩子足够的空间和时间来调整自己。

（2）调整自身心态，减少惩罚行为，改善亲子关系。孩子的沉默表现可能会引起家长的焦虑情绪，认为孩子"不听话""太内向"等。久而久之可能就会出现呵斥，甚至打骂孩子的行为。这样的方式可能会导致孩子更加恐惧说话，缄默症状加重。例如本案中，小明母亲应该深刻认识到问题的根源不在小明。而在她的家庭和她自身带给小明的紧张和压迫心理。自小明的父亲"跑了"以后，小明母亲一个人抚养孩子，心中不免有压力、焦虑、埋怨。在抚养小明的过程中可能无形地将这种压力传递到了小明身上，这些压力会对小明幼小的心灵造成伤害。小明母亲应该明确自身定位，耐心引导孩子勇于表达自己。例如积极赞美孩子的优点，抽出时间与孩子一起阅读文学作品，使孩子在阅读中树立真实而丰富的榜样，同时亦增强和孩子的沟通与联结，洞悉孩子心中的真实想法。即使孩子进步缓慢，父母也要倾注足够的耐心和关注，等待孩子自然改变。

▶ 对于学校

和家长一起营造尊重友爱的学校氛围。学校老师在了解到孩子的情况后，应该积极和家长沟通孩子在学校的情况。双方一起建立起良好的家校合作关系，及时沟通孩子的具体表现、症状改善情况。学校老师应对此类孩子倾注足够的关注，警惕其因不说话而遭到校园霸凌，或者防止这类孩子因不能表达自己而烦躁不安甚至伤害同学。应该为此类孩子营造友爱、宽松、平等、尊重的班级氛围；开展伙伴互助活动，增加同学之间沟通与交往的频率，实施积极的情绪和心理影响。只有当孩子喜欢上同学、喜欢上老师进而喜欢上学校，他才能渐渐走出囹圄，敞开心扉。

第9节
妈妈，我怕黑，求你陪我睡

邱　田

案例故事

　　早晨出门听妈妈说下午会有暴雨时，小叶并没有放在心上，眼下看着窗外黑压压的乌云，她心里却越发烦闷起来。窗外雷声已经轰隆隆地响起来了，树也被狂风吹得歪七扭八，一眨眼间瓢泼大雨便倾盆而下，好像狼外婆一般恶狠狠地敲打着玻璃。突然头顶炸出一声巨响，天花板上的灯"滋——"的一声熄灭了，整个教室霎时笼罩在一片昏暗里。"好啦好啦，大家安静！"老师拍着讲台，平息了这场停电带来的小小骚乱。很快大家都平静了下来，只有小叶还缩在座位上捂着胸口，脸色煞白。她感觉自己从心口延伸到胃的器官仿佛都拧在了一起，逼得她喘不过气来。她想逃离这里，却知道自己此刻哪里都不能去，只能低头趴在桌子上努力地大口呼吸。好在不一会儿学校就恢复了供电，宽敞的教室再次明亮了起来，小叶难受的感觉也很快消失了。

　　小叶已经六年级了，平日里活泼可爱，乐于助人，老师和同学们都很喜欢她，可她也有自己的秘密——怕黑。尽管已经是12岁的大孩子了，但她每晚还是要在妈妈的陪伴下才能入睡。父母不是没有想过办法，一开始说好她如果晚上自己睡觉，第二天就可以吃一包小零食，可妈妈刚关上她的门不到五分钟，小叶就哭着跑了出来，宁愿不要小零食也要和妈妈一起睡；后来妈妈心软，答应晚上陪她睡着再离开，可有时她半夜忽然惊醒，还是哭着跑进了父母的房间；爸爸给她买了一盏小夜灯挂在床头，小叶终于勉强能自己睡觉了，却因为灯开着晚上不断醒来，第二天小小的脸上挂着很大的黑眼圈……

这周末，小叶和几个小伙伴约好了去游乐园玩，一行人欢声笑语地去坐了摩天轮、海盗船、过山车……可到了鬼屋门口，小叶却停住了脚步。

"走呀小叶，你刚才可是拉着我去坐过山车第一排呢，这会儿害怕了？"

"不会吧，在海盗船上时，小叶不是还像女中豪杰一般嫌荡得不够高吗，区区鬼屋当然不在话下！"

"我……"小叶还没想好怎么推脱，却已经被好朋友拽着手臂走进了鬼屋。门缓缓地关上了，最后一丝光亮消失时，小叶感到自己的五脏六腑又拧成了一团，相互较着劲，谁也不肯放开谁。熟悉的窒息感传来，小叶双腿一软直接坐在了地上。看到她这副样子，工作人员也不敢让她走下去，打着手电筒扶她离开了鬼屋。

"哈哈，没想到小叶竟然是个胆小鬼啊！"很快，其他小朋友嘻嘻哈哈地从鬼屋里走了出来，还一边炫耀着说，"里面一点都不吓人，下次去个更刺激的！"

"小叶，你没事吧？"一个女生走到小叶身边，挽着她的手问道。小叶低头，嗫嚅道："嗯，没什么事了，里面好玩吗？"

"可好玩啦！我们再往里走，就有一只大蜘蛛忽然掉下来，吓我们一大跳……"女生兴高采烈地说着，小叶却走了神，脑子里只有那句"胆小鬼"在悠悠回荡。

专家解析

1. 小叶为什么会异常"怕黑"？

小叶对并不具有危险性的黑暗环境反复产生异常的恐惧情绪，并竭力回避、逃离，且其恐惧程度超过了在相同社会文化环境下，心理发育水平相当的儿童对黑暗环境的害怕程度，表现出明显的痛苦，以至于她晚上不能熄灯睡觉，影响了正常的生活、学习和社交活动，这是典型的儿童特定恐惧症表现。黑暗环境可立即促发小叶的害怕或焦虑，当她不得不面对黑暗时，立即出现哭闹等恐惧情绪，并伴有面色煞白、心跳加速、呼吸困难等表现。甚至有的儿童在面对自己的特定恐惧对象时，会出现小便不能自控等自主神经功能紊乱表现。这是儿童期常见的情绪障碍之一，大多数患者存在性格胆怯、内向、脆弱的先天素质特征，也可能与经历的创伤性事件——遭受动物攻击，经历地震灾害；目睹他人的创伤性恐惧反应；接触恐怖内容的信息，如听恐怖故事、看恐怖书籍或影视节目、玩有恐怖性内容的电子游戏、父母反复强调某些动物的危险性——有关。女性患病率一般高于男性，且随着年龄的增长，患病率逐渐降低。

2. 为什么会产生黑暗恐惧症？

行为主义的观点认为儿童对黑暗的恐惧是后天学习导致行为改变的结果，即引起恐惧的刺激泛化的结果。例如把黑暗与某些很可怕的东西（如想象中的妖魔鬼怪以及死亡等）多次联想，连接在一起，就会建立起一种对黑暗产生恐惧的条件反射。

社会认知学派则认为儿童对社会、自己和他人以及社会关系的认知和理解，会影响儿童的情绪反应。婴幼儿对社会的认知主要通过自身经历和对他人观点的采择及相应的移情而获得。但是，由于婴幼儿身心发育的不成熟性，决定了他们采择他人观点的盲目性，若把那些非理性的社会认知保留在意识中，常会影响其获得正常的感受或行为。例如有的父母会反复给患儿讲与黑暗有关的鬼怪故事，不断强化患儿关于黑暗与恐惧的联系，最后导致黑暗恐惧症的发生。

精神分析学派则认为人生而具有对死亡的恐惧，而黑暗恐惧是对死亡恐惧的延伸，是个体对死亡恐惧潜意识的外化表现。且黑暗恐惧症多发生在婴幼儿身上，这与他们无法理解自然界的许多现象，以及他们柔软的身体需要过多地依赖他人的照顾密切相关。

专家支招

▶ **对于孩子**

打造安全信息环境，避免恐惧信息的摄入。黑暗恐惧症患儿可能听过太多与黑暗相关的鬼怪之类的故事，甚至看过太多恐怖片等。孩子们应该尽量避免去接触谈论鬼怪的故事，也不要看恐怖片。当下信息爆炸时代，人们获取信息的方式便捷而多样。许多幼儿都配备了电话手表甚至手机等通信设备。而这类设备上可能会存在一定的恐惧信息。幼儿缺乏对信息的识别能力，可能会因此摄入过多的恐惧信息，导致其产生特定恐惧症。家长应对幼儿的这类设备进行监管，筛选设备上的内容，孩子也应该尽量避免不良信息的摄入，打造安全的信息环境，促进健康的心理发展，树立正确的唯物主义观念。

▶ 对于家长

（1）改变教育方式，促进孩子独立自主

儿童特定恐惧症多与孩子胆怯、脆弱，缺乏独立自主性的性格相关。而这一性格的形成又依赖于家长的教育方式。孩子从小就受到父母的过度关注和保护，一旦需要独自面对陌生环境，可能由于与依赖对象失去联系而产生焦虑、恐惧心理。案例中小叶的特定恐惧对象是黑暗，虽然已经十二岁，仍需妈妈的陪伴才能睡去。可见父母在对待小叶这一症状时，也是尽力配合其需要，避免让其处于恐惧环境中。这一行为可能暂时缓解了小叶的恐惧症状，但对于小叶独立自主性格的形成却无好处。过度的保护使小叶太过依赖父母，变得越来越胆小，其对黑暗的恐惧可能一部分来自与被依赖者失去联系的担心。这其实是一种依恋情结，因家长过度保护的养育方式而形成。当父母发现自己孩子有此类症状时，应转变教育方式，培养孩子独立自主意识。例如首先应该给孩子准备独立的房间，开始阶段可以在夜晚睡觉前陪着孩子，告诉他你会在他身边陪伴，用手轻轻抚摸他，待孩子睡着了家长再离开。第二天待孩子醒来后，家长可予以鼓励，表扬孩子一个人乖乖睡着了，以强化孩子独立的能力和意识。然后再循序渐进，最后让孩子逐渐克服对黑暗的恐惧。

（2）学会求助专业人士

多数儿童患者的特定恐惧症通过家长的支持或随着年龄的增长，会得到明显的改善。对于症状改善不明显或严重的患者，则需要进行心理治疗。目前认为最有效的心理治疗方法是行为治疗，包括系统脱敏治疗、示范学习治疗、阳性强化治疗等。此外，还可以选用认知治疗，通过纠正患者对恐惧事物或情境不恰当的认知，提高心理治疗的效果。仅少数患者需要在心理治疗基础上增加药物治疗。

► **对于学校**

（1）营造相互尊重、友爱的环境，鼓励孩子走出舒适圈。特定恐惧症患儿可能会因为恐惧对象的不合理性而遭受周围同龄人的嘲笑或歧视。如本案例中的小叶与小伙伴去游乐园玩，因其不愿意进入黑暗的"鬼屋"而遭受了朋友们的嘲笑。患儿往往对自己的疾病缺乏充分的理解，一旦因此而被周围人贴上标签，则可能强化患儿的病症，让其认为自己本来就是如此，更加不愿意去寻求改变。且此种环境也不适宜孩子心理的健康成长，因此学校老师与家长应该积极沟通，建立起良好的家校联系，积极与患儿沟通。重点关注孩子是否遭受校园霸凌，一起合作为孩子打造尊重友爱的成长环境。

（2）设计丰富多样的游戏，阅读文学经典，培养孩子的独立个性。孩子在游戏中可以无压力地接收和学习各种信息。老师可以通过特殊的游戏设计，寓教于乐，使孩子对自己的恐惧内容进行充分、客观的了解，以减轻其对特定恐惧事物不合理的恐惧。同时，老师可以带领孩子阅读文学经典、绘本等，让孩子在阅读中去体验丰富的文学情节，树立榜样，促进孩子独立个性的形成。

孩子见人就脸红，说话低头还哑巴

邱　田

案例故事

小何是一名高中生，她从小就成绩优异，乖巧懂事，可她的同学却都不太喜欢她。"她整天对谁都爱答不理的，像是瞧不起人似的。"这是同学们对她最多的评价。老师也注意到她平时似乎不太爱说话，上课从不主动参与互动，被老师问及时也只是轻轻哼出"是"或"不是"的简单字词，各种集体活动更是避之唯恐不及。老师也曾请她去办公室谈心，可她全程低着头一言不发，老师问不出什么，只好鼓励她多和同学们交流，开朗活泼些，便作罢了。

其实这并非小何故意的，只是每当要与人说话时，她就感到非常紧张，手心里都是汗，心仿佛都跳到了嗓子眼，有时还会突然想上厕所……每天最煎熬的莫过于去食堂吃饭的时候。下课铃一响，学生像群蜂一般涌出各个教室，又汇成一大股人流从食堂小小的门里鱼贯而入。小何身在其中，常常感到一种无形的压力挤压着她的胸腔，让她一口气都喘不上来。她担心自己手足无措的囧态遭人嘲笑；忽而又感到身边同学的身躯逐渐变大，像高高的围墙将她围在中间；再一会儿竟觉得他们一个个都张开血盆大口，要来把自己生吞活剥了。到窗口前排队时，她又紧紧盯着食堂阿姨手下的饭菜，反复打上十来遍的腹稿才能保证到自己时能顺利打到饭菜，而真到她时，她也只是指指这个那个，有时阿姨打成另一个菜，她也不敢说。端了饭菜到桌上，她也总觉得有人在盯着她，暗暗嘲笑她的门牙太大、吃饭的样子丑陋、脸上的表情也狰狞……因此，小何在学校里总是食不知味，草草了事。高中学业紧张，十天半个月才能回一次家，看着小何日渐消瘦的身体，父母也难免着急，每每叮嘱她在学校里想吃什么就吃什么，不必担心钱的事，小何也只是点点头答应下来，并没做出什么改变。

年关走亲戚时，才是小何真正的噩梦。她实在是不愿意去，却总被妈妈硬拽出家门。父母介绍着"这是你二姨父，这是你三舅舅……"小何点点头，知道此时不叫人会显得极不礼貌，话却总说不出口，也发不出声音，仿佛自己的嘴巴被什么东西死死粘住，一点儿都张不开。场面尴尬起来，大人们哈哈打着圆场，小何只能在妈妈的责备声中低下头……

　　小何在学校里没有朋友，在家里与父母也不常沟通，她唯一的倾诉对象便只有她的日记本。她其实也很羡慕那些下课时手拉手一起上厕所的女孩，体育课上三五成群聚在一起踢毽子的同学，羡慕别人心情不好时也有好朋友在一旁耐心安慰……并非没有人关心她，一开始也有自来熟的同学想和她一起玩，她却总觉得无比紧张又尴尬，连连退却着，久了便真成孤零零一个人了。

专家解析

1. 为什么小何会变成这样呢？

小何是一名高中生，在必须与人接触交流时常表现出焦虑、害怕，担心自己被关注、被评价，于是变得越来越内向，甚至影响了她的正常生活。这是典型的社交焦虑障碍表现。

社交焦虑障碍也称社交恐惧症，是指患者在一种或多种社交场合中过分害怕及焦虑，担心自己被关注、尴尬、被羞辱、被拒绝或冒犯他人等，并竭力回避所害怕的社交场合。患者的焦虑程度超出了社会文化环境、心理发育水平相当的个体所应有的正常界限，给患者带来明显的痛苦，并影响其社会功能。

2. 社交焦虑障碍的发生可能与以下几点相关：

（1）父母的教育方式：社交焦虑障碍多发生于父母采用抑制性或拒绝式教养方式的家庭，过分严厉和教条化的教育也会使孩子的心理成长过程较为单一，使其理解力和适应能力相对较低，难以对客观事物做出正确判断。儿童期遭受虐待也是产生社交焦虑障碍的危险因素。

（2）环境因素：最常见为居住地点不稳定，由于父母工作原因等频繁搬家，孩子好不容易习惯起来的交往关系中断，久而久之孩子会难以建立新的关系。

（3）人格特点：孩子本身具有话少、安静、退缩、内向和怯懦等抑制行为的气质特征，是发生社交焦虑障碍的重要危险因素。

（4）遗传因素：既往有研究发现，社交焦虑障碍有明显的家族群集性，先证者的一级亲属中，社交焦虑障碍的发生率明显高于对照组。

专家支招

▶ 对于孩子

（1）设定社交目标，逐渐克服心理障碍。小何可以每天设定一个社交小目标，先从身边比较熟悉的人开始，例如家人、朋友、同学等。在交谈中鼓励自己多多表达，享受交流的过程。然后逐渐提高难度，比如去和自己想要认识的陌生人聊天，或增加交谈时的参与人数，在小团体里作报告等，慢慢让自己适应被他人关注的状态。

（2）练习自我放松，改善焦虑情绪。当置身于焦虑环境时可以有意识地对自己进行放松练习，例如呼吸放松法、肌肉放松法等。在上面的故事中，小何在公开社交环境里总感觉有人在盯着自己、评价自己，甚至嘲笑自己，这个时候就可以进行呼吸练习，放松紧张情绪，并让自己意识到是因为自己恐惧社交，才会有这些想法，待情绪平稳下来以后再进行社交活动。

▶ 对于家长

（1）摆正自身心态，调整教育方式。前面提到儿童期社交焦虑障碍的形成可能和父母采用抑制性或拒绝式教养方式，过分严厉和教条化的教育有关。所以家长首先需要进行心理调整，避免给儿童施加压力，了解出现焦虑的原因，正确对待患儿的学习，减轻患儿的学习负担。在家中不要经常吵架，或打骂儿童，创造良好的家庭环境，鼓励父母强化患儿的独立行为。家庭治疗的目的是让患儿的父母尽量与患儿有更多情感上的交流和支持。

（2）必要时带孩子进行专业心理治疗。在各种心理治疗方法中，认知行为治疗和团体形式的治疗效果确切，并具有长期疗效。1）认知行为治疗包括以下要点：心理教育、认知重建、社交训练、合理自我对话，问题解决技巧等社交技巧训练；增加社交机会；放松训练；暴露和反应预防；家庭作业等。可采用个别和团体形式，或者以学校为基础的形式。2）团体治疗：团体治疗相对于个别心理治疗的优点在于：可以提供模拟的社交场景，有利于减轻对社交场景的焦虑和回避；可设计集体游戏；团体成员之间能够分享各自成功的经验，互相鼓励和促进，也能互相反馈信息，使患者更全面地评价自己的表现；便于社交技能训练。

▶ **对于学校**

丰富孩子的课外活动，鼓励孩子锻炼自身的综合素质。前面提到社交焦虑障碍可能和心理成长过程单一化，对客观事物的认知有偏差有关。学校方面，可以开展丰富的课外活动，如运动会、主题班会、学校社团活动。鼓励小何通过逐渐参与课外活动，增加自己的生活丰富度，使她看问题的方式变得更加成熟。同时课外活动也因其本身较为轻松、休闲的属性，可以创造一个更为宽松的交流环境，使孩子可以更容易地迈出社交第一步。

第 11 节
小大人，心事重，总是担心天要塌

案例故事

　　小红的父亲是某县城中学化学老师，母亲是护士，在她出生的时候，因母亲发烧，生产的时候很不顺利，所以从小她就十分感谢自己的妈妈，就算是小时候，她也很体贴妈妈。小红从小喜欢读书，而且听话，善解人意，因此深受身边亲人的疼爱。读初中的时候，她在父亲所在的中学念书，因是老师的女儿，同学和老师都对她很好。

　　在家里，除了学习，父母都不让小红干任何家务。他们只是要求她保持优秀的学习成绩。初中毕业后，小红很顺利地考上了县城的重点高中，就这样，小红告别了对自己百般呵护的父母，开始一段令她痛苦的住宿生活……

　　刚到学校的时候，小红依然按自己初中的学习方法学习。一开始，一切好像都没有问题，但随着时间的推移，她开始想念自己的亲人，担心自己家人的身体状况，于是她便每天拿着老年机给家里打电话问候。她还发现自己并不适合住读生活，因为从小只知道学习的她，在妈妈的保护下，从来没有自己干过家务事，她开始怀疑自己是否有独立生活的能力，开始担心起了自己是否能够独立生存下去。小红开始变得敏感，即使老师上课只是叫她起来回答问题，她也会理解成自己最近是不是有什么地方做错了；同学跟其他人讲话没有理她的时候，她会担心是不是自己有什么问题，自己是不是被小伙伴们孤立了；一通电话打回家里，太久没人接听的话，她会担心家人是不是发生了什么意外，急得像热锅上的蚂蚁一样……生活中越来越多的小事开始充斥着小红的脑子，她总是会莫名其妙地幻想一些最糟糕、最不可能发生的事情，然后不断地暗示自己这些事情会发生。小红的生活压力开始变得很大，甚至在考试的时候也会担心自己是否写了姓名、考号，填涂是否正确这些非常基本的问题。日复一日，小红的精神也逐渐萎靡起来，她甚至开始担心自己是不是要离开人世了……

她开始恐惧去学校，原本优异的学习成绩也一落千丈，每天都被各种无厘头的事情搞得心力交瘁。高考后，别人都考上理想的大学，而她自己却落榜了，只好复读。复读期间觉得压力更大，实在没有办法，只好办理休学在家自学。从那时候开始小红感到特别烦恼、紧张、焦虑，晚上睡不着。当时奶奶很迷信，认为她是鬼缠身，多次请巫婆跳神，花了上万元，但仍不见好转。第二次参加高考，勉强考上现在就读的职业专科学校，在上大学期间小红经常想哭，更觉得生活没有意义，最后到医院精神科就诊，医生给小红开的是抗抑郁的药物，但小红的情况并没有好转，每天依然重复着毫无意义的担心……

专家解析

1. 故事中的小红到底怎么了？

本案例中的小红上高中后开始反复担心自己的学业、课堂表现、生活自理能力、同学关系、家人安危等，且导致其出现了成绩下滑、抑郁等表现。这种情况发生在儿童身上持续超过 6 个月，对许多事情反复出现过分的紧张或担心（焦虑），个体难以控制，并伴随坐立不安或紧张、容易疲倦、注意力不能集中或头脑空白、易激惹、肌肉紧张、睡眠障碍等中的至少一项，排除其他精神障碍和躯体疾病后即可诊断为儿童的广泛性焦虑障碍。儿童患者常表现为对自身的未来、同伴关系、社会对自己的认可、自己的行为和能力以及是否被他人接受等的担心，这种担心常导致患者成绩下降、与同伴关系不良、老师评价降低等社会功能受损。且这些患者成年后会出现社交能力低下，继续接受教育的能力和工作能力受影响，甚至出现其他的精神问题。

2. 儿童广泛性焦虑障碍的发病原因

儿童广泛性焦虑障碍常与父母遗传、不良的家庭环境以及儿童自身气质相关。本案例中，小红的妈妈可能因为生产时的不顺利，导致其在养育小红的过程中出现过度关注与过度保护的现象。具体表现为：初中期间，小红因为是教师子女而受到老师和同学的优待；父母从不让她干任何家务活，只需搞好学习等。这些都可能会影响小红在成长过程中独立自主个性的形成，引起她对社会的适应不良，从而导致焦虑症状。

认知心理学强调情绪与行为的发生一定要通过认知的中介作用，而不是通过环境刺激直接产生。例如一个人在山上遇见老虎，感到恐惧，但在动物园见到笼中之虎，则不会害怕，也就是说对事件的理解和评价是产生情绪反应的原因。正常的认知方式产生正常的情绪反应，异常的认知方式则产生异常的情绪反应（如抑郁症、焦虑症）。在情绪障碍中，认知歪曲是原发的，情绪障碍是继发的。认知心理学认为，由于焦虑障碍患者有特殊的个体易感素质，因此常常做出不现实的估计与认知，以致出现不合理、不恰当的反应，这种反应超过一定限度与频度，便出现疾病。本案例中小红从小受到父母的过度照顾，缺乏生活自理能力，且成长经历一帆风顺，一旦需要独立面对生活时，就会对生活有过高的期待，以至于不能接受一点波折。具体表现为对生活的方方面面出现广泛的担忧、焦虑，最后出现功能受损、社会适应不良的情况。

专家支招 🔊

▶ 对于孩子

进行专业的心理治疗。案例中的小红被焦虑情绪困扰多年，从高中直到大学都无法摆脱，且由于焦虑情绪的持续存在，其社会功能受损，影响个人能力，引起了失眠、抑郁等表现。可见小红的焦虑症状已经严重威胁到她的生活，可以寻求专业的心理治疗。目前公认的治疗目标是改善或者消除症状、恢复社会功能、降低复发率和改善预后。目前较为主流的心理治疗方式为认知行为治疗，认知治疗通过采取一系列的策略纠正患者的错误认知，通过疏泄情感，调整行为（认知）模式，从而改变情绪反应，控制异常的焦虑情绪。同时还可以采用家庭治疗、游戏治疗、小组治疗等方式。

▶ 对于家长

（1）调整焦虑情绪，勿把压力转移给孩子。焦虑儿童的家长倾向于把不确定的情境理解为具有威胁性的，他们存在更多的负性认知，长此以往，儿童也会产生同样的焦虑反应。父母应该对自己的焦虑情绪有清晰的认知并及时调整，注意不要把自身的压力转移到孩子身上，特别是当孩子因为自身的焦虑情绪而表现不佳时，父母应该倾注更多的耐心和关注，起到陪伴和支持孩子的作用。

（2）转变教育模式，改善家庭氛围。本案例中的小红父母对小红采用了过度保护的养育方式，使其自理能力差，抗打击能力差，引起其焦虑症状的发生。我们前面提到，过度保护的教育模式是儿童期广泛性焦虑障碍形成的常见原因。同时还有对孩子期望值过高、过分强调成功或对儿童过于放纵，以及一些应激事件的发生。例如：父母离异、父母去世等常与广泛性焦虑障碍的出现相关。小红的父母应该意识到小红的疾病发生原因，与小红进行充分有效的沟通，了解她可能的发病原因，降低对小红的期待，及时纠正自己与小红的相处模式。同时父母有责任为小红营造温馨的家庭氛围，不要经常互相抱怨、争吵，父母间的压力也会无形地转移到孩子身上，对孩子的心理健康发育造成一定影响。

▶ **对于学校**

（1）设计丰富课外活动，增强体育锻炼。积极参与课外活动能够增强自身与他人的联结，提高对这个世界的客观认识，从而缓解认知偏差导致的焦虑症状。学校应多带领孩子参与课外活动，促进孩子心理发育成熟。已有相关研究表明，体育锻炼对于焦虑情绪有明显的缓解作用，例如人在跑步时，大脑会大量分泌内啡肽，它能让人产生欢乐、愉快、满足的感觉，可以帮助人排遣压力和忧郁。有焦虑症状的儿童应积极参与体育锻炼，这样不仅能够改善焦虑情绪，同时还能强健体魄。

（2）建立家校联合，关注学校表现。父母应与小红的老师建立充分有效的沟通联系，及时获取小红在学校的表现。焦虑症儿童的焦虑情绪会导致学业成绩下滑，人际关系差等。父母应多与老师沟通小红在校表现，与老师达成共识，努力为小红提供宽松、自由的成长环境，避免校园霸凌的发生。同时应善于利用学校心理卫生资源，及时为小红提供心理帮助。

第 12 节

焦虑来了怎么办

案例故事

　　小华的父母都是当地的初中老师。因为小华刚出生的时候生过一场大病，所以体质一直比较弱。父母把她护在手心里，平常只告诉她：把学习和身体搞好，其他一律不用管。小华的妈妈是个追求完美的人，她常常因为一点点小事就和小华的爸爸争吵，但却无微不至地关心小华，小华也非常感激妈妈。随着小华的长大，小华父母的争吵越来越严重。终于有一天，他们决定离婚。小华冷静地接受了这个决定，选择继续跟妈妈生活在一起。

　　半年前，小华进入了妈妈所在的初中读书，她感受到来自妈妈和老师的期望，渐渐觉得自己有点力不从心。初中的课业越来越重，她感到学习压力太大，压得自己透不过气。于是渐渐开始控制不住地担心，害怕成绩下降后被老师批评，被同学看不起，更担心对不起妈妈对自己的付出，还担心自己考不上好的高中、大学，担心自己任何事情都做不好。这种担心越来越严重，以至于她整天脑子里都在想这些事情，越想越心慌，有时还会出现手抖的情况。因为注意力不集中，一段时间后，学习成绩也出现了一定程度的下滑。这样的情况越演越烈，她开始渐渐觉得周围的人都瞧不起自己。朋友不跟她讲话的时候，她就会想朋友是不是瞧不起自己。有时候老师一句平常的话，她都会反复咀嚼半天，怀疑老师是不是在拐着弯批评自己。或者上课的时候老师点名让她起来回答问题，她就会觉得是不是自己哪儿做错了，老师在惩罚自己。这种情绪逐渐渗透进小华生活的方方面面。她开始失眠，有时候在床上翻来覆去几个小时都睡不着。这样一来白天精神就更差了，上课完全无法集中注意力，常常丢三落四，而且动不动就心慌、手抖，有时还会呼吸困难、坐立不安。小华的压力变得越来越大，她觉得自己快要失去控制了……

　　小华决定跟妈妈聊一聊。她告诉了妈妈自己的情况以后，妈妈对自己没有关注到小华的情绪变化感到抱歉。她们在一起聊了很久。妈妈告诉小华，健康、快乐是自己对她唯一的要求，同时也反省了自己有点追求完美的性格，可能无形之中将焦虑的情绪传递给了小华。妈妈答应周末带小华去找专业的心理治疗师聊一聊。小华感到有些期待，但又有点不安，不知道治疗师会问一些什么问题，不知道他能不能帮到自己。

　　就这样过了几天，终于来到了周末。小华跟妈妈来到了心理咨询机构，治疗师热情地接待了她们。在与治疗师交谈的过程中，小华得知自己可能得了焦虑症。治疗师通过专业的心理治疗手段，纠正了小华的一些错误认知，比如"认为自己一旦成绩下降就会被所有人批评""成绩不好人生就完了"。同时，治疗师还教给了小华一些放松自己的方法，比如通过呼吸训练来分散注意力等。

经过几次的心理咨询，小华觉得自己的焦虑症状渐渐得到了控制。以前最担心的考试，小华也渐渐不再害怕。她会在考试前运用治疗师教给自己的放松训练方法，缓解自己的焦虑情绪。没有了"成绩就是一切"这种想法以后，小红觉得自己如释重负。她开始积极地参加课外活动，和老师、同学之间的关系也有了明显改善。小红渐渐地觉得生活再次有了希望。

专家解析

青春期焦虑症和成年人焦虑症的表现区别？

随着如今社会的飞速发展，人们工作学习乃至生活压力也越来越重。各种精神心理类疾病都相继出现，尤其是焦虑症，不仅出现在成年人身上，在青少年身上出现的概率也很大。感到焦虑是一种正常的反应，但患上焦虑症会严重影响孩子的学习和身心健康。通常儿童和青少年观察到的焦虑症典型表现为三种形式：拒绝上学、考试焦虑和社交焦虑。因此父母和老师必须重视孩子的心理健康，深入了解青少年焦虑症。与成人焦虑症相比，儿童和青少年焦虑症常常是隐匿的。其中一个较为重要的原因就是青少年在出现心理异常或无法排解的负面情绪时，很少会主动寻求专业的医学帮助，也很少向父母倾诉自己的焦虑感受。

青少年虽然已经具备用言语表达情绪的能力，但青春期正处于追求个性独立的阶段，和父母的话越来越少，更倾向于把烦恼藏在自己心里，而不愿意和父母交流。也有很多情况是孩子虽然倾诉了一些痛苦的感受，但父母缺乏相关知识，认为孩子不过是躯体不适或者一时的情绪波动，没能识别出孩子很可能就是患了焦虑症。

专家支招 🔊

▶ **对于孩子**

（1）应该摆正对焦虑的认识。人群中的焦虑症状是非常普遍的，每个人的一生中都会经历焦虑的时刻，所以焦虑并不可怕。孩子应该摆正对焦虑的认识，用积极的心态去面对。当焦虑症状出现的时候，应该保持冷静理性的态度认识到症状的存在，然后采取一些放松手段有意识地缓解自己的症状。

（2）适时转移注意力。如上述案例中的小华一样，当焦虑症状出现时可以进行一些放松训练，比如呼吸放松法或者肌肉放松法等。放松训练可以使肌肉放松，最终使整个机体活动水平降低，达到心理上的松弛，从而使机体保持内环境平衡与稳定。同时还可以有效地将注意力从焦虑源上移开。焦虑时还可以做做其他的事情来转移注意力，比如运动、听音乐、画画等，可根据具体情境选择合适的方法。

（3）进行专业的心理治疗。案例中的小华在焦虑症状逐渐严重时选择了向专业的心理治疗师求助。心理治疗的目标是改善或者消除症状、恢复社会功能、降低复发率和改善预后。较为主流的心理治疗方式为认知行为治疗，认知治疗通过采取一系列的策略纠正患者的错误认知，通过疏泄情感，调整行为（认知）模式，从而改变情绪反应，控制异常的焦虑情绪。同时还可以采用家庭治疗、游戏治疗、小组治疗等方式。

▶ 对于家长

（1）降低对孩子的期待，帮助孩子降低对自己的期待。学会降低自我期待，很多时候焦虑的发生，是由于我们对自己的期待过高，而自己目前却没有能力去做到。对于这样的情况，大家要学会降低对自我的期待，就像上述案例中小华的妈妈对她说的一样，健康和快乐才是最重要的，努力的过程要保持平常心。

（2）压力再大，也保证孩子维持良好生活习惯。例如保持良好的睡眠习惯，失眠会导致白天精神状态不好，从而加重焦虑症状。进食也会在一定程度上影响焦虑症状，一日三餐应该保持规律，不要暴饮暴食，忌烟、酒、咖啡等刺激性食物，可以多吃低脂或脱脂牛奶、樱桃、鸡肉、海鲜、全谷类食物。家长作为孩子成长过程中重要的后勤保证，在孩子繁重的学习任务中，要理解孩子的睡眠和饮食对身心健康的重要作用。不要一味压榨孩子的睡眠和进餐时间来保证学习，要让孩子得到充分的休息和合理的膳食营养，不鼓励孩子熬夜或不吃饭来学习。

▶ 对于学校

积极鼓励学生参加课外活动。在精神压力过大的现代社会，学校应该鼓励学生积极参与课外活动，增强学生自身与他人的联结，提高学生对这个世界的客观认识，从而缓解认知偏差导致的焦虑症状。特别是体育运动可以明显缓解孩子的焦虑和抑郁情绪。运动可以刺激身体分泌多巴胺和内啡肽，会带来一种愉悦的感觉。鼓励孩子建立除了学习以外的兴趣活动，培养多元化的价值体系，树立孩子的信心。

平时学习好，一到大考就害怕

邱 田 郭 婧

案例故事

　　小夏是一名重点中学的高中生，学习成绩很好，也是班里的班干部，多次被学校评为三好学生、优秀学生干部，是同学们学习的榜样。他一向以"战略上忽视对手，战术上重视对手"的策略看待竞争，在上课认真听讲的同时，也认真做好课前预习和课后复习，对问题也能提出自己独特的见解与看法。当有同学寻求帮助时，他也能积极地给予帮助，竭尽自己所能让前来请教的每一位同学都有所收获，以达到共同进步的目的。在所有人看来，小夏就是一个当之无愧的学霸，但是，事情却逐渐发生了转变……

　　起初，在高一、高二的各类考试中，小夏总是以优异的成绩名列前茅，深受老师的喜爱，老师们都将他看作有望冲击清华、北大等名校的种子选手，悉心加以培养，家人们也对此寄予厚望。

转眼间，便来到了高三，在距离高考不到 365 天的日子里，大家似乎都卯足了劲儿，想要为自己的未来，拼搏一把；老师似乎也在挑选自己看好的种子选手加以培养，其中，以小夏为代表的几位同学总是被叫进办公室里传授学习方法、应试技巧等，这让原本淡定自若的小夏突然感到了一丝怯场，老师私下讲得

越多，他感觉自己身上的压力越大。不仅如此，家人也希望看到小夏在高三的第一次诊断性考试中取得亮眼的成绩。而本身长期名列前茅的压力也让小夏显得有些力不从心，备感焦虑。

在第一次诊断性考试的前一个月，学校组织了各种模拟考试，小夏都取得了不错的成绩，但却并没有达到各方面的预期，他认为是自己做的题还不够多，于是开始大量地刷题。同学休息的时候，他也在刷题，甚至，在某些晚上熄灯后"挑灯夜战"，一直熬夜到凌晨。半个月后，在课堂上从未走过神的小夏第一次感觉到脑子仿佛不受自己的控制，左摇右晃，上下眼皮更是纠缠不休地想要紧紧地抱在一起，小夏感到十分害怕，一向优秀的自己怎么会变得如此颓废呢？他心里感到了深深的恐惧，在每次测验中都开始怀疑自己的能力，不断地重复检验着自己已经算过的题目，导致白白浪费了大把的时间，结果可想而知，一次又一次的考试不理想让本就焦虑的小夏更是雪上加霜。

老师也针对小夏的情况进行了分析，可是旁人又怎能懂得小夏心中的那份焦虑与恐惧呢？接二连三的考试失利，堆积如山的各种试题，迫在眉睫的第一次诊断性考试，都像地底催命的小鬼在小夏的身后奔跑，呼喊着。渐渐地，小夏开始变得精神恍惚，整日无精打采，考试失败的阴影在心中挥散不去，同时考试带来的恐惧也如影随形。从此，小夏陷入了深深的害怕与焦虑之中，他开始抵触每一场考试，结果可想而知，第一次诊断性考试，小夏的成绩一落千丈，彻底让其陷入恐惧的氛围中，无法自拔……

专家解析

1. 小夏为什么会发生这种情况呢？

小夏本是一名成绩优异的高中生，进入高三后感受到了来自老师和家人的期待，于是更加严格地要求自己，却因为始终不能达到自己想要的高标准而变得焦虑、易疲劳、自我怀疑，最后发展为抵触考试、成绩一落千丈。这是典型的考试焦虑症的表现。

考试焦虑是指个体面临考试而产生的过分紧张、担心的消极情绪和相关的行为反应。相对于男性而言，这种情况在女性身上更常见，且在不同的社会、地缘、文化背景中普遍存在。考试焦虑不仅会影响个体的学业表现，长期的考试焦虑还容易引起紧张、恐惧、烦躁、抑郁等负性情绪，威胁个体的身心健康，对其认知、情感、心理状态及人格等都造成损害。

2. 考试焦虑的发生可能与以下几点相关：

（1）来自父母与老师的压力：父母可能会对孩子有过高的、不切实际的期待，他们无法客观地评估孩子的素质，将自己不能达到的要求强加在孩子身上，这可能使得孩子不堪重负；而老师可能偏爱学习好的学生，作为学生也会十分珍惜这种"关爱"，总希望自己在学业上取得好成绩以维持这种关注，既为自己也为老师脸上添光，这种期待心态，无疑会给学生增添压力。

（2）来自同学之间的竞争压力：可能由于学校里存在班级、年级排名等原因，同学之间往往存在竞争关系。大家都担心别人超过自己，尤其是成绩好的同学之间竞争更激烈，大家都加班加点地学习，导致身心疲累。

（3）对自己期望过高：有的同学在考前给自己设立过高的目标，甚至希望自己超常发挥，一旦目标不能达成，则表现出伤心、沮丧、失望。由于不能及时调整自己的期望，这类打击反复出现，使其心身俱疲，最后导致对考试的抵触，引起考试焦虑的发生。

（4）其他客观原因：例如知识储备不足引起信心的欠缺，一旦试题不符合自己的期望可能就会产生焦虑。生病、失眠等身体原因引起精神欠佳、易疲劳，也可能导致考试焦虑。

专家支招

▶ **对于孩子**

1. **调整自身期待，纠正错误认知。**考试焦虑有一部分原因是对自身要求过高，怕达不到理想目标。孩子应对自己进行客观评价，调整自己的考试目标。将对结果的关注转移到过程上，重点关注自己是否发挥出了正常水平。有的考生坚信自己如果考不好，"这辈子就完了""人生将毫无价值"等。考生应该明白，人生不会因为一两次考试而彻底改变，不要被一两次考试失败和一两科考试失误所吓倒，不要以偏概全，认为自己不行，而丧失信心。

2.**积极参加体育锻炼，规律作息时间。**考试前的学生通常会将注意力全部放在学习上，如本案例中的小夏，在考试前出现了挑灯夜战、熬夜刷题的情况，这样她反而会白天精神疲惫，注意力下降，导致成绩出现下滑。这是一种错误的做法。备考期间因为久坐，考生会出现身体素质下降、免疫力下降、容易感冒等情况。如果再加上熬夜或失眠，考生可能会精神不振，学业表现更差。所以此时维持规律的作息时间显得尤为重要，只有这样，白天才有足够的精力去掌握更重要的知识。同时，还应积极参与体育锻炼。运动不仅能缓解焦虑情绪，还能强健体魄，为长久、稳定的学习状态打下基础。

3.**积极与父母和老师沟通，调整周围人的预期。**考生的一部分压力可能来自父母和老师过高的预期。如果考生觉得这样的压力已经让自己不堪重负，出现焦虑、失眠、抑郁的表现，则应该及时与老师和家长沟通，以期在学业目标上达成共识，同时希望得到他们的支持。考生应该明白，考试并不是一个人的战斗，只有与老师和父母一起合作，自己才能发挥出最好的水平。

4. 适当放松训练，必要时寻求专业帮助。考生长期处在备考环境中，周围的同学都在你追我赶，暗暗较劲。这种无处不在的竞争关系也会增加考生的压力。有时候，考生虽然想尽各种办法，但仍然感到无所适从，就应该学会放松自己，例如可以间歇、规律地采用呼吸放松法、肌肉放松法等，有意识地放松自己的紧张情绪。如果仍有明显的焦虑情绪，则可以寻求专业的心理治疗，现在较为常用的疗法有：认知行为疗法、系统脱敏疗法等。

► **对于家长**

1. 降低对孩子的期待，识别自身焦虑情绪，给孩子营造宽松自由的环境。考试焦虑的一个最常见原因就是父母对孩子的期待过高，这种期待往往是不符合客观实际的。如果孩子出现了考试焦虑的表现，家长应该降低对孩子的期待，将对孩子考试成绩的期待，转移到希望孩子正常发挥，不留遗憾上。与孩子进行良好的沟通，为其减压。有的家长会在孩子面对大考时，表现出比孩子更加严重的焦虑，这无疑会加重孩子的压力，使其承受过重的负担。家长应学会识别自身焦虑情绪，及时调整自己的状态，不要在家中争吵，不要刻意增加对孩子的关心，注意语言表达，为孩子营造宽松、自由的家庭环境。

2.设计适当休闲活动，调节孩子身心状态。考试前孩子可能处于一种紧绷的状态，但仍然需要注意劳逸结合。适当的焦虑可能提高考试表现，一旦过度则会适得其反。家长应该利用孩子周末在家的时间适当设计一些休闲活动，例如看电影、下象棋等，让孩子能够暂时将注意力转移到游戏上，缓解孩子的焦虑情绪。同时也能增加亲子联结，让孩子能够更加自由地与父母沟通自己的感受，纾解压力。

第 14 节

悲喜两重天，我的心情怎么了？

邱海棠　　任　浩

案例故事

　　大平刚上高一，戴着厚厚的眼镜，一股书生气息，但是跟人说话从不会脸红，是现实的乐天派，言语中透露着青春的自信，在他身上感受不到这个年纪该有的叛逆，家人、老师、同学们都很喜欢大平活泼的性格，他的自信、乐观和独有的幽默给大家紧张的学习生活中带来很多轻松惬意的时刻。

　　天空有时阴雨有时晴，放在大平身上正合适，因为大平最近整天闷闷不乐，一改往日的神色，变得阴沉忧郁，满脸写着不开心，妈妈问大平是不是在学校被欺负了，大平摇头说没有，只是觉得自己高兴不起来，成绩很差，很容易忘事，妈妈觉得平时大平成绩都排在班级前十，就告诉大平不要在意成绩，努力了就好，就没有再重视大平的情绪,过了2个月大平恢复如常。

　　八个月后的某一天，大平边做习题边叹息，老师在旁很好奇，

这些题在平时难不住大平，为什么大平现在苦着脸，演算好几遍也答不出，问了之后大平说不知道为什么感觉自己变笨了，不会做这些题了，脑子里

像灌了铅一样。同桌接着告诉老师，最近叫大平一起打篮球，大平也是苦着脸说自己不会打，也不想打，但他平时明明很喜欢打篮球，也打得很厉害，大家都好奇大平是不是身体不舒

服，但是大平就是这样低着头，少气懒言，说自己没兴趣打球。老师回想起最近大平确实不对劲，感觉人像被放慢了一样，上课低头发呆，还经常瞌睡，不再积极举手发言，被叫起来发言时又慢声细语，成绩下降得厉害，会不会是生病了呀，于是提醒家长注意这些情况，早点到医院检查。

家长此时也察觉到，大平最近放了学就回到房间里独处，吃饭也没有胃口，早上叫不醒，醒了也没精神，催促他上学还会发脾气，在上学路上的状态就像霜打的茄子。那天晚上，家里做了大平平时最喜欢的辣子鸡，结果他才吃两口就默默回屋里写作业，说是写作业却在发呆，望着作业本小声哭，妈妈赶紧上前问大平怎么了，大平反应了好一会儿才说自己完全高兴不起来，提不起兴趣，身体好像使不上力气，每天都很疲惫，对不起爸爸妈妈，又说自己做什么都是徒劳，未来一暗淡，再这样下去不如死了算了。妈妈听到这些话吓坏了，赶紧给老师打电话问大平是不是在学校被批评，或者被同学欺负了，老师做了调查发现并没有，妈妈这才带着大平去医院检查。

然而，做了很多血液、心电、影像方面的检查都没发现问题，后来妈妈听从内科医生的建议，带大平到精神心理科看看，这下才知道，原来"一直高兴不起来"也算是一种病，叫作抑郁发作，而且在精神心理科医生的问诊下，发现大平曾经有过3～4天异常兴奋的状态，比如爱吹牛，说自己轻轻松松就能考上清华、北大，头脑里的鬼点子一个接着一个，脸上写满开心和喜悦，一会儿要参加篮球运动员选拔考试，一会儿又要去参加电竞比赛，给人一种"时不我待"的感觉，爱社交，自来熟，跟谁都能聊很久，每晚只睡一小会儿也不觉得累。在精神心理科的诊疗下，大平遵医嘱服药，过了大概半个多月，大平逐渐恢复正常，并且告诉妈妈："那段时间自己的心情犹如乌云密布，没有晴天，做什么事情都高兴不起来，也提不起兴趣，有一股说不出来的内疚感，感觉周围的人在背后说我笨，我确实感觉自己没有以前聪明了，一直想睡觉，醒了却很疲惫，慢慢地我的内心非常痛苦，感觉生活失去了希望。"

专家解析

1. 故事中的大平到底怎么了？

大平这个年纪正是双相情感障碍发病的主要时期，但是往往起病隐匿，不易被察觉。双相情感障碍以躁狂或抑郁交替发作为特征，是一种发作性疾病，在不发作的间歇期可以表现得完全正常，自知力也完整（自知力是指患者对自身疾病的认识能力，是判断预后的重要指标）。躁狂即心境高涨，抑郁即心境低落，躁狂可以理解为极度兴奋躁动，抑郁可以理解为极度沉闷悲观，并且这种兴奋躁动、沉闷悲观与正常人的情绪反应不同，正常人的情绪反应可以像天气一样，下雨或晴天只持续少数时刻，但是双相情感障碍的心境变化就像季节变换一样（春夏秋冬），在哪个季节决定着整个季度的气候，是对一个人心境的持久影响。双相情感障碍分为两种类型：Ⅰ型重躁狂，轻抑郁；Ⅱ型重抑郁，轻躁狂。双相Ⅱ型常以抑郁为首发，并且双相的抑郁发作相比单相的抑郁发作，更可能出现嗜睡、易激惹以及精神病性症状。

2. 大平的双相情感障碍有哪些表现呢？

大平是以情绪低落（高兴不起来）、悲观（自我评价低）、认知能力下降（很容易忘事）等抑郁表现为起始，追溯病史可发现大平有轻躁狂表现，如情绪高涨（脸上写满开心和喜悦）、思维联想速度加快、思维活动量增多（头脑里的鬼点子一个接着一个）、意志活动增多（一会儿要参加篮球运动员选拔考试，一会儿又要去参加电竞比赛，突然喜好社交）、睡眠需要减少（每晚只睡一小会儿也不觉得累），在没有被重视，且不那么严重的时候被忽视漏诊，后来由于疾病本身有不同程度自限性（自我好转）的特点，大平在未接受治疗和其他干预的情况下恢复正常。

后来大平再次发病，这次持续时间久，症状严重，临床以典型的抑郁综合征为主要表现，如情绪低落（闷闷不乐，做什么事情都高兴不起来）、思维迟缓（反应变慢，脑子里像灌了铅一样）、负性消极认知（自我评价低，自信心不足，无理由的内疚感）、精神病性症状（怀疑或听见别人议论自己，感觉别人的举动都跟自己有关）、认知功能下降（头脑变笨，记忆力下降，注意力不集中）、意志活动减退（对爱好、美食、学习、社交等失去兴趣，喜欢独处，厌学），在此期间很可能没有求助意识，严重时会无法坚持学业和生活，久而久之会感到生活失去意义，正如大平所述"自己做什么都是徒劳的"，在此无望无助感下，极有可能出现自伤、自杀行为，严重威胁健康。

综上所述，大平可以被确诊为双相情感障碍Ⅱ型，即双相情感障碍 - 抑郁发作，药物治疗方案与单相抑郁发作不同，双相情感障碍的抑郁发作慎用抗抑郁药，目前国内外共识的药物治疗原则之一就是联合用药，使用心境稳定剂和抗精神病药进行稳定心境的治疗，治疗的初期可能会有对药物的不耐受反应，如恶心、头晕、乏力等，但是此反应程度轻，多在 3 天以内消退，坚持治疗会在 2 ~ 4 周起效，务必遵医嘱调整剂量。

专家支招

▶ 对于孩子

此时，孩子的判断受抑郁情绪及负性认知的影响，难以做出最合适的选择，比如求助或就诊，尤其在父母不能表达足够多的理解和支持时，孩子的抑郁情绪可能更加严重。孩子要切记，无论在什么情况下，冲动和自杀都是最坏的选择，总会有更好的办法可以选，接受专业医生的诊疗是一个很好的选择。

▶ 对于家长

如果确实察觉到孩子相较正常时有明显的情绪和行为变化，那一定要重视，作为孩子的监护人，在是否送医或治疗方面具有决定权。尽快送孩子到专业可信的医院就诊，遵医嘱检查治疗，并且在服药、复诊方面督促协助孩子，妥善地陪护孩子，防止孩子出现自伤、自杀或伤人毁物等一切意外。另外，作为家庭的中流砥柱，需要关注的家庭成员有点多。工作再忙也要分配固定的时间陪伴孩子，这样孩子才会在第一时间将内心不良的情绪体验告诉你，承认孩子的内心感受，先做一个稳定的倾听者，孩子才会更愿意听你的建议。

▶ 对于学校

当下社会，孩子在学校的时间，可能比在家的时间长，除了父母以外，老师就可能是与孩子接触较多的人，对孩子在学校的情绪和行为的改变更加敏感，所以老师们了解一些精神心理科知识对孩子会非常有帮助，更早地察觉到孩子的异常情绪和行为的变化，意味着更早地治疗。有三大原则可以参考：

（1）客观原则，老师对孩子情绪和行为状态的判断一定要客观，不能忽视也不能加码；

（2）保密原则，一定要保护孩子的隐私，不能向任何无关的人透露孩子的病情；

（3）不歧视原则，孩子主动提出求助时，可以在学习安排上予以适当的关注和照顾，但一定不能歧视孩子。

第 15 节

原来能医治情绪的不是时间，而是药物

邱海棠　　任　浩

案例故事

大平在精神心理科被确诊为双相情感障碍，医生为其开了丙戊酸钠缓释片和喹硫平药物。大平的爸爸妈妈非常重视，按时按量地督促大平服药治疗。治疗进展得顺利，大平的抑郁情绪在 2 周内逐渐好转，又过了 1 周大平完全恢复到正常时的情绪状态，恢复学习和生活。

大平服药后并未展现出不适，身体状态和精神状态都很好，这让大平觉得不吃药好像也没问题，虽然与医生意见不一致，大平还是在服用药物半年后就自行停药。之后大平顺利地到了高三，成绩靠前，然而情况并不如想象的乐观，高考前的 3 个月，大平的情况又变得不对劲了。

大平莫名地兴奋躁动，一天两天三天……"到今天已经持续一个礼拜了，他怎么还这样啊！""快带他去医院看医生吧！"

大平的妈妈焦急地对爸爸说。于是，大平的爸爸妈妈又带大平到了精神科，家长说："大平最近一周的状态非常兴奋，在课堂能安静一时，但是大部分时间像嘴上抹了润滑油一样说个不停；整天高兴得很，没有安静的时候，经常吹牛说马斯克不如他，要带同学开公司赚大钱；回家做了一道物理题，马上又开始练英语，没过几分钟，又要帮家长干家务，刷一下碗就又拿起扫帚扫地，扫也扫不干净，说他，他还发脾气，脾气也比以前暴躁，很小的事就会斥责我们；晚上不睡觉，到半夜 3 点钟都睡不着，早上明明困得不行，还笑着脸说不累，说不需要睡太多的觉，结果到了学校就睡，叫也叫不醒，醒了就开始继续兴奋；昨天把一个星期的零花钱全买可乐送给同学了，不认识的外班同学也送，老师和同学也发现大平最近太兴奋了，完全不听劝。特别容易发脾气，昨天还和同学因为一点小事争执起来，把同学打伤了，现在老师也不让上学了，赶紧带过来，请您给看看。"

大平对医生说："我是高兴得很呢，没有事情能让我不开心，我现在感觉好得很，时间也紧得很，你快点问，我快点答。""我聪明得很，放在过去爱因斯坦都要想向我请教物理问题。""睡觉都是浪费时间，我不用睡觉照样可以恢复体力。""钱是身外物，花完了，我还能赚，我未来一天赚一百万元都是小意思。"医生见大平如此兴奋，并且又有冲动、易激惹的情况，便建议大平家人陪大平住院治疗。

在住院期间，大平仍表现得超乎往常的活跃、激动，跟病房里的所有人打成一片，常常为一点小事去帮忙打抱不平。住院后再次加用了喹硫平和丙戊酸钠药物治疗。经过两周的治疗，大平的兴奋躁动得到很好的控制，能心平气和地交流表达。住院三周后情况稳定出院。

专家解析

1. 为什么双相情感障碍需要遵医嘱规范治疗？

双相情感障碍是发作性疾病，疾病的间歇期可恢复正常，在不发作的时期使用心境稳定剂可以降低躁狂或抑郁发作的概率，起到预防作用。但有研究发现，双相情感障碍患者即使在坚持治疗的情况下，5 年内也会有 73% 的复发风险，并且这种发作可以有诱因，也可以没有诱因。但正是由于疾病本身的波动性病程，患者在不发作的时期不会有"我在生病"的主观感觉，父母在客观上也会忽略大平此时病情仍未完全得到控制的事实，加上我们传统仍有"是药三分毒"和对精神科药物的恐惧心理，不愿意在看上去很好的情况下坚持治疗，继而影响服药的依从性。但如果在此时停药会导致复发概率极大地增加，一般初次发病在急性期治疗后至少要完成 3 个月的巩固治疗期，才可以视情况进行减量；如果患者既往治疗效果欠佳，病情未完全恢复正常，或者曾有反复多次的复发，这个巩固治疗的时间还会随之延长，具体减药或停药的时机和剂量一定要遵医嘱。

2. 如何识别双相情感障碍的躁狂发作？

识别典型双相情感障碍的躁狂发作并不困难，因为这种躁狂发作的程度较为严重，临床上以躁狂综合征为主要表现，如心境高涨（兴高采烈，没有事情能感到不开心，因小事大发脾气），思维联想的活动量增多和速度增快（滔滔不绝、语速快，脑子里新奇的想法层出不穷），夸大（明显地超过当前地位和能力，自我感觉良好），意志活动增强（时刻有时不我待感，做事有头无尾，无法长时间维持一件事，容易转移注意力；社交欲望增强），生理表现（身体不适主诉少，睡眠需要减少，本能反应亢进，对异性或陌生人过分亲近)，更加严重者表现为持续的易激惹、暴怒，可能出现伤人、毁物等行为，有危及自身和公共安全的风险。这种典型的躁狂发作会明显影响自己的生活、工作、学习，还可能对周围的人产生一定影响。但是有些情况下会出现不典型的躁狂，患者可能主要表现为烦躁、易激惹，尤其是在青少年中比较多见，这种时候也要注意及时发现和就诊。一般躁狂发作的病程要持续一个星期以上才可以被诊断，部分出现攻击行为的躁狂可不拘泥于病程。

3.躁狂发作的治疗方法

目前对于双相情感障碍的躁狂发作主要有三种治疗方式：药物、物理、心理治疗。对于躁狂发作的患者来说是以药物治疗为主，通过平衡神经递质，控制症状和预防复发。当患者的兴奋躁动或者自杀意念强烈时，物理治疗也是重要选择。心理咨询和治疗是辅助，在极端兴奋躁狂期受限于不够稳定的情绪状态，无法有效交流，多以安抚、稳定为主；通常的心理咨询和治疗在疾病的恢复期、维持治疗期进行，有着恢复自知力、增加治疗依从性、减轻病耻感、降低复发率的作用。

专家支招 🔊

▶ **对于孩子**

知其然也要知其所以然，以大平为例，回顾发作时的症状表现，识别和杜绝危险行为，熟悉所服药物的特性，在自知力恢复的同时，也要清醒地认识到药物预防治疗的重要性，在对自身状态判断良好，或对服药有抵触和疑虑时，一定要和医生沟通，协商制订可行的药物治疗方案，切忌自行减药或停药。

▶ **对于家长**

要清醒地认识到双相情感障碍一般是呈现发作性病程，病情发作间歇期可能表现完全正常。但情绪的正常化并不意味着可以立即减药或停药，这个疾病的病程一般较长，有时可能伴随终生，切记协助并监督孩子遵医嘱坚持服药，提醒、陪同就诊，以减少复发的可能性。在掌握疾病知识的同时，给予孩子精神和物质的支持，让孩子意识到家长始终是理解自己并能够帮助自己共同应对疾病的。家庭支持可以降低孩子的病耻感，增加依从性，同样减少复发的可能性。

▶ 对于学校

如果孩子出现类似大平一样的兴奋躁动的情况，首先需要做的是在保证患儿和其他同学的安全的前提下，尽快联系家长配合送医就诊，并且同样遵循客观、保密、不歧视的原则与孩子相处。

第 16 节

雨过天晴，备好雨伞，再不惧雨天

案例故事

大平目前就读大一，距离上次记忆犹新的躁狂发作已经过去了 2 年，因为上次在高考前夕发作，后面的治疗虽然顺利，但是高考成绩不尽理想，只考进了一所普通的大学。进入大学后学习压力有所减轻，但是大平仍然非常担心，开始更多地思考自己的疾病。

大平对于上次的发作深感后怕。一方面，当时的发作让自己丑态百出，这让非常在乎个人形象的大平难以接受；另一方面，疾病影响了他的高考成绩，限制了未来的发展，如果能以健康的状态迎接高考，他也许能考上一所更好的大学。

现在在大学期间又一直不敢停药，遇到压力和刺激时总是害怕自己会再次发作，吃药都要背着同学，这让大平觉得自己是一个怪人，生怕别人知道自己的过去，有的朋友能接受这样的自己，有的朋友接受不了，比如大平刚分手的女朋友就无法接受大平的过去，慢慢地，大平开始有意无意地疏远朋友和被朋友疏远。父母非常担心大平的情况，大平也发现妈妈最近都没笑过，"一定是因为我的原因，说不定她的工作都会受到影响，现在家里的一切麻烦都是我自己造成的……"

大平开始讨厌自己，甚至痛恨自己，变得越来越悲观，感觉自己的人生都被这个疾病毁了，自己背着一个永远甩不掉的"精神病人"的枷锁，耽误了前程，影响了人际关系，以后不会再找到朋友，也再不可能有光明的未来了。看着闷闷不乐的大平，学校辅导员主动找他了解情况，得知大平处于这种自我贬低、悲观的情绪中后，建议大平接受心理治疗。

治疗过程中，咨询师发现大平脑海里充斥着对事件的负性认知（专业称之为自动化负性思维），比如自己天天服药，别人一定就觉得自己是个怪人，现在的人际关系不够理想意味着自己再也不会有朋友了。而漠视积极的事物（良好的成绩基础，充足的复习时间，与中学同学之间良好的友情基础），情绪化推理和牵连（家中一定也遇到了困难，都是因为自己）等。心理治疗师采用认知行为治疗法，充分倾听、包容他的感受，与他建立起稳定的治疗关系后，阐述认知行为治疗的原理（"事件→自动思维→情感→行为"的微型模型），将大平的症状、诊断、成长、人际、优点、缺点、资源进行概念化，帮助大平识别自动思维，感受自动思维下的负面情感，回忆受自动思维影响做出的负面行为，并且通过布置任务帮助他逐渐消退负性的自动思维，强化正向积极的认知。经过一段时间的咨询，大平逐渐打开病耻的心结，能够更加客观地看待自己和疾病，也更多地理解了自己的人格特质，纠正了很多负性、消极的想法，也对人际交往有了全新的理解，逐步融入集体，获得更多的友谊。

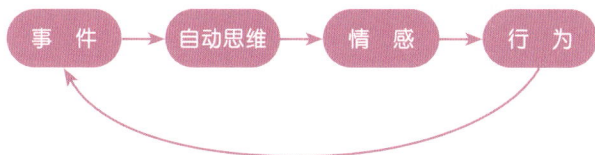

专家解析

1. 心理干预对预后十分重要

心理层面的干预对很多精神疾病的预后都非常关键，发生在儿童和青少年期的情感障碍尤其如此。在双相情感障碍患者病情好转、恢复自知力后，他们很可能出现强烈的病耻感。很多患者不知道应不应该告诉周围的人自己患病的情况：如果说了，害怕别人不能接受，甚至另眼相待；如果不说，总是偷偷摸摸地吃药、就诊，就像悬在心里的定时炸弹，一旦开启就将给自己带来不能承受的严重后果，从而出现心理失衡的状态。在这种状态下，他们的生活常会受到巨大的影响，在求职、社交、求偶方面尤为突出。

2.大平为什么会出现负性化思维呢？

就大平这个案例而言，家庭还是提供了不错的支持，但父母的情绪、对未来的担忧都深深地影响着大平看待自己和这个世界的方式。在长期患病和吃药的过程中，大平逐渐出现了不良的自动负性思维模式。这种模式使得患者深陷悲观和恐慌中，一切似乎都在朝着不可控的方向滑去。而在心理咨询中，咨询师及时地发现并进行干预，通过与大平建立平等且信任的关系，深入理解他对事件的认知方式，并对错误的认知方式归纳和纠正，陪同大平走过这段困难的路程。

但心理工作是一个长期的过程，大平这种自动负性思维模式只是问题的一方面，在自我成长的道路上，他可能需要不断地去回顾和省察自己的问题，理解自己的应对方式是如何形成的，逐渐消除那些不良的应对和防御方式，更多地理解自己，并能无惧地面向未来仍可能出现的苦难，这必然有很长一段路要走。专业的心理工作者在和来访者进行工作的这段时间，就像一对行走在充满荆棘的密林里的战友，当他们越来越了解来访者，就可能找到来访者愿意前进的方向，并形成一份清晰的地图，更明白如何应对和理解面前的困难，避免滑入不断出现的思维陷阱和障碍中，最终达到来访者可以独自探索和前行的目的。

专家支招

▶ 对于孩子

人生的路途本就充满挑战，更不走运的是我们比其他人多了一个敌人——双相情感障碍，可能在与它斗争的过程中我们的认知逐渐歪曲，看待事物的角度也发生了改变，叠加的挫败感让我们苦不堪言。也许一个人走这条路会充满困难和疑惑，有时甚至会看不到希望，想要放弃。但所有的困难其实都是暂时的，如果我们能找到更多的帮手，困境也许就没有那么可怕。总是最关心我们的父母，也许靠近我们的方式笨拙又生涩，但我们可以告诉他们我们需要什么样的对待；能够体谅我们的老师、可以跟我们有更多话题的朋友，都是很好的助力。同时，一个能承接我们内心冲突的咨询师，也许会带给我们与朋友、亲人都不同的新的关系和视角，引导我们走出困境。

▶ 对于家长

有爱的家庭是患者康复的关键，有爱并不只是有物质的满足，更需要心理上的支持和鼓励。耐心倾听、理解包容是建立良好家庭关系的基础。有了这层良好的家庭关系，许多困难会迎刃而解。亲子关系之间的沟通方式是一种能力，但这种能力也需要学习。一出生的孩子会先用啼哭表达内心的感受，逐渐地学会用表情、肢体动作来表达，随后才发展出更为高级的沟通方式即语言，而如果一些不良感受在幼年早期没有被家长及时引导或正确回应，那么这些感受可能压抑在内心产生冲突，遗留到成年。如果情绪长期无法被觉察并恰当表达，就会成为一系列情绪行为问题的根源。青少年时期是人生的一个关键阶段，但往往也充满疾风骤雨，很多家长会观察到之前黏人、叽叽喳喳的孩子变得疏远、安静，当然这种情况与这个时期的青少年更多地发展同伴关系、迎接更多的学业挑战有关；同时也有父母教养方式的原因，随着孩子的成长，他们并未主动调整与孩子的交流方式和相互关系，仍然采用儿童时期的管束方式，这会让青少年感到十分不适，为了自己个性化的更好发展，青少年有时会采用与父母针锋相对的方式强调和表达自我。而患有双相情感障碍的青少年则遇到更大的危机，本身的情绪持续波动，加之与父母的关系岌岌可危，可能会使患者处于四面楚歌的境地。父母应当主动降低作为不可置疑的权威角色感，更多地倾听和理解孩子，提出意见而非做出指导可能反而是更容易被孩子接受的方式。

▶ 对于学校

管理类似的同学需要注意的方方面面极其琐碎又重要，

要适当观察他们在校的表现，又要保护他们的隐私，但部分患者又并不希望感到被过度关注和照顾，以免产生厌烦感，或被同学孤立。要注重个人安全，也要兼顾公共安全方面的问题，会给校方带来很大的挑战。有时候适时而恰当的沟通可以起到很好的作用，更正面诚实地与同学沟通，了解其底线和禁区，关注其需要和期待，可以更好地建立关系，及时发现学生的困难或异常；也需要与家长开诚布公地谈话，共同制订管理的方案，制订让多方愿意接受的管理办法，才能更好地帮助孩子，同时减少校方作决策的风险和焦虑。

第 17 节
一边远离人群，一边渴望拥抱

邱海棠　　张　郑

案例故事

"他下班站了半个小时等他的车来，

淋着雨一动不动，原地等待。

终于他上车离开便利店的门外，

你才敢从便利店里出来。

……

昨天上班他走入你那部电梯，

你赶紧掏出没有信号的手机

……

有时候你上完厕所准备离开，

突然他打着电话走了进来，

40 分钟之后终于听到他说拜拜，

你想站起来却站不起来……"

在一档综艺节目中，《社恐之歌》唱出了很多人的心声。这样的社交焦虑症同样也困扰着我们的主人公。

小健是一个将满 18 岁的男孩，大一学生，来自某个偏远的县城，家中有一个比他大 12 岁的哥哥。在朋友和老师眼中，小健是一个内向、独立、成绩优异、听话、懂事的孩子。成绩优异的小健考上了一所不错的大学，然而，对他而言似乎烦恼也逐渐多了起来……

进入大一，小健变得越发孤僻和胆怯。在校园里，那些陌生的脸庞使他不敢主动开口说话，生怕自己的某个言行引起他人的反感；面对同学们的招呼声，他假装没听见而不作回应，被同学喊到时会脸红，心跳加速；在路上，看到有老师、同学迎面走来，他的眼睛不敢飘向前方而是默默低头看手机，小健觉得这样的方式可以使自己不用面对其他人。

然而，一次课堂突如其来的自我介绍打碎了他的"如意算盘"，课堂上，同学们有声有色地介绍自己的兴趣爱好、家乡特色、分享大学生活，有的展示才艺赢得满堂彩。而这充满欢声笑语的氛围似乎与小健显得格格不入，发言顺序的逼近只使他觉得被这一"重任"压得喘不过气，一股强烈的恐惧、紧张感涌上心头，甚至感到了明显的心慌、手脚发抖、额头和后背直冒虚汗。轮到他时，小健拖着沉重的身躯走到台前，看了一眼台下的同学们，只觉眼前忽明忽暗，双腿不停地打哆嗦，结结巴巴的言语以及生硬的表情引得全班同学哄堂大笑。经历这次以后，同学们戏称小健为"社交焦虑症本症"，小健也更害怕在人前说话，来到陌生场合就觉得浑身不自在、紧张，感觉有无数双眼睛在盯着自己，甚至只要与人对视便会心跳加速、呼吸急促，似乎整个世界只有寝室里那个被床帘包裹的小床，才能容纳他心中的那颗巨石。渐渐地，小健出现了失眠，夜间睡前会控制不住地去想：今天是不是又被大家取笑了，那个同学有没有责怪我，明天如何避免和大家面对面……

此后的夜晚，小健辗转反侧，难以入眠，却又担心动静大影响室友而硬撑到天亮。小健开始怀疑自己是否有心脏方面的疾病，便独自到医院做了一系列检查，然而查了血液、心电、头部 CT 发现都没有什么问题，医生说可能是心理方面的问题。听了医生的建议，小健终于鼓起勇气敲响学校心理咨询室的门。

通过沟通，心理咨询师发现，小健有明显的社交焦虑的表现，这与他的性格以及生长环境有很大的关系，咨询师了解到小健自幼由母亲带大，父亲长期在外省务工，一年回家不到三次，在家时间总共不超过一个月，很久才来一通电话，问得最多的只是他的学习成绩有没有进步。而小健的母亲习惯压力式、批评式的教育，常常拿他与班上成绩更好的孩子作比较，总是责怪他不够懂事，不够听话。久而久之，小健学会了压抑内心的诉求而拼命想变成父母所期待的样子，他努力地学习，一遍一遍地背那些复杂难懂的英文，不懈地练习那些深奥复杂的习题，他想如果他成绩好一些再好一些，父母就会开心，就会对他表达满意了吧。他不再有任何爱好，也没有什么朋友，他觉得这些都不重要，他这样熬过了地狱式的高中，进入大学后在他面前的似乎是一个完全陌生的世界……

根据了解到的情况，咨询师和小健一起制订了为期三个月的咨询计划，小健也愿意尝试走出"社恐的藩篱"，去拥抱人群。

专家解析

1. 什么是社交焦虑症？

社交焦虑症，表现为对于各类社交活动会表现出过分、不合理的紧张情绪。不管患者如何努力地想要克服，但恐惧心理仍旧会反复出现，恐惧发作时常常伴有明显的焦虑和自主神经症状，严重时甚至会出现心慌、手抖、冒汗、心悸、呼吸困难等，患者极力回避导致恐惧的客观事物或情境，或是带着畏惧去忍受，因而影响其正常活动，给患者正常社交活动中造成强大阻力。

2. 小健的社交焦虑，与他成长的环境有关

在小健的成长过程中，他的父亲是缺席的，父亲很少在身边陪伴，为数不多的来电也只是关注学习成绩而从来没有嘘寒问暖，因此在小健的成长过程中，他没有一个恰当的男性角色去模仿，这使得他没有学习的榜样，也不知道如何与同性相处。母亲总是以批评式、压力式的教育来扮演一个掌控者的角色，而丈夫缺席的妻子也感受到养育孩子的压力，她无法充分按母亲的角色行事，无法让小健感到女性的温和及包容。所以，小健不得不在很小的时候就体察母亲的艰难，呵护母亲的情绪，压抑自己内心的真实诉求，极力想成为一个家长眼中的"好孩子"来维持家的平衡。对于那个时候力量弱小的他，每一次"努力"都在消耗内心的能量，使得小

健逐渐成为一个不自信的个体。

社交焦虑症不是注定发生的，社交技能也是可以习得的。

专家支招

▶ **对于孩子**

1.学会改变态度，接纳自我，尝试一个适合自己的社交方式。不管做出卓越的成绩还是遭遇挫败，再或是多数时间的平凡，统统抛开评价，全部接纳，这些都是我们人生路上弥足珍贵的一段体验。人的焦虑在于对自己行为结果的预期评判，或对未知的不确定性。我们可以跳出这个思维重新看自己，跳出这个时间或空间看自己。合理、适当且能够达到理想社交效果的技能有很多种，我们可以不断地尝试，并选择适合自己的交往方式，来达到理想的社会适应状态。改变社交焦虑的过程，也是一个不断发现自己和了解自己的过程。

2.尝试接受心理行为治疗，必要时的药物治疗。对于社交焦虑的心理治疗，系统脱敏疗法应用较多，它可以分为实景脱敏和想象脱敏。第一个阶段，是引导孩子进行放松训练；第二个阶段，请孩子按引起恐惧反应的严重程度，依次列出相关诱发社交焦虑情境的清单，然后从引起最弱的恐惧反应的情境开始，逐一让孩子身处其中，或由其想象身处这些情境之中，逐渐地减轻焦虑的症状。同时，必要时应及时到正规医院心理科或精神科就诊，在专业医生指导下进行药物治疗。

▶ **对于家长**

不要随意给孩子贴标签，而是因势利导。有些时候家长给孩子贴上的负面标签或者在很大程度上，并不一定反映孩子当时的表现，很可能是因为父母的情绪没有控制好，也可能是为了促进孩子去反省而虚设的一个代名词。如文中小健，总是被父母拿去和别人家的孩子作对比，甚至在没有看到成绩进步时，小健还会被冠上"你不懂事，不够听话"的"罪名"。我们要理解，孩子是一个成长中的个体，要允许他们试错并改错。一个错误的行为，就被父母贴上了莫须有的标签，自信满满的孩子可能变成自卑，懦弱的样子，逐渐被困在了"社恐的藩篱"中。因此我们在和孩子交流的时候，要注意了解事情的缘由，注意倾听孩子的想法。孩子在成长的过程中可能会遭遇某些矛盾，这时候我们家长千万不要一味地责怪孩子或者批评孩子。

▶ 对于学校

学校应成为孩子心中的"第二港湾"，不少青少年在成长过程中缺乏必要的安全感，在家庭中他们把家长作为依赖的对象，在学校时则把教师作为依赖的对象。面对生活中遇到的挫折，在家中还有可能向家长倾诉，但是不少青少年的不良情绪往往是在家中产生，矛盾发生在家庭成员之间，因此就有向教师倾诉的需求。作为教师应该关心学生的学习和生活，理解学生的内心世界，通过课堂教育和课后开展的各种有意义的活动，如心理主题班会、心理健康月、心理团辅等多和学生接触，在增进团体心理健康和凝聚力的同时及时了解学生的心理动态，给予学生更多的帮助和关爱，使学生在学校也能感受到亲情所在，而不是把自己封闭在一个小天地里，独来独往、孤僻苦闷或固执偏激而成为不受欢迎的人。

第 18 节

当"心痛"难以被理解，孩子会用身体说话

邱海棠　　张　郑

案例故事

"妈妈，我还是觉得头晕，感觉整个世界都在晃晃悠悠……"

一位小姑娘在妈妈的陪同下再次来到医院看急诊，接受抽血、化验、头部 CT 一系列的检查，似乎来医院就诊对于她们而言已经成了家常便饭。

今天的主人公叫媛媛，16 岁，是家中独生女，父亲是当地某单位的领导，母亲是当地某中学的语文老师，父母工作繁忙，媛媛由奶奶一手带大。在家人和老师眼里，媛媛是一个听话懂事、内向乖巧的女孩子。虽然不像男孩子那样活泼，但因为她的"好脾气"，在班上很受老师和同学们的欢迎。今年 9 月，进入高一的媛媛，烦恼似乎也多了起来，各种压力接踵而至。

早上六点，天还未亮，媛媛在闹铃的叫声中起床，刷牙、洗脸、梳头、吃饭……熟练完成一系列的动作，她背上书包，手拿着

未吃完的早餐，健步如飞地奔走在去学校的路上。到了教室，来到书桌前，手边是一项项的习题、试卷、作业排着队在等她去完成，皱眉地思索，刷刷地书写，此刻她就如上了发条的钟表，滴滴答答一刻不敢停歇。到了晚上，华灯初上，城市街头来往人群熙熙攘攘，直到十点左右，拖着疲惫的身躯走进家门的媛媛，已是连说话的力气都没有了，这便是媛媛每天学习生活的真实写照。

开学后的一个月，媛媛开始出现偶尔的头痛，刚开始的时候，她觉得可能是自己没有休息好，睡一觉就好了，也就没去管它。但是之后的日子，头痛不但没有减轻，反而痛得更加频繁。在一次再正常不过的晚自习课上，媛媛在苦想一道题的解答时突然感到剧烈的头痛，就像脑子里住了一个鼓手在用力地敲个不停，同时感觉到了眼花、恶心、心跳加速，双手抖个不停甚至无法握住笔杆。媛媛在同桌的陪伴下来到办公室向班主任说出了自己的不适，得到消息的媛媛妈妈也赶来学校。在家人的陪伴下，媛媛来到了当地医院就诊。妈妈带着媛媛辗转了几个科室，做了多项检查，血液、心电图、脑电图、头部 CT 甚至磁共振成像都做了，结果都没有发现任何问题。没有问题也是好事，家人放下心来，又把媛媛送回了学校，然而这种情况却仍然反复发生，甚至越来越频繁，媛媛已经没有办法正常上学了。这下全家人都不理解，甚至怀疑媛媛是不想上学装出来的毛病。媛媛不但感到自己身体越来越不受控制，心里也非常难受，她不知道自己怎么了。在家里也害怕自己跟不上学习进度，试着看书做题，但常常一看书，那种不适感就又会出现。反复地跑医院，反复地检查，直到一位医生试探着说道："孩子的症状有没有可能是心理因素导致的？"并建议家长带着媛媛去看看心理医生。

通过交谈，心理医生了解到，从媛媛小时候起父母就工作繁忙，很少能同时在家中。但是爸爸妈妈对于她物质上的要求一般都能满足，因此在媛媛房间里摆放着各种各样的洋娃娃和好看的裙子，但是很少能真正地陪伴媛媛。媛媛回忆起小时候的一次经历："在二年级时，进入冬天后，我患了一场小感冒，好了后就开始莫名其妙地头疼，父母带我去了各个医院检查都没有问题，但是我自己就是觉得头疼，父母在那段时间对我格外照顾。长大后，我渐渐发现，每当我心情不好时，就会生病，随之而来，就会得到家人朋友的照顾和关心。"上高中以后，学习的内容越来越难，压力越来越大，她感觉自己喘不过气来，爸爸妈妈还不断地催促她。每次只要妈妈在家，跟她说的唯一的事情就是学习，好像他们不再看得到她自己，只有一张张成绩单可以让父母露出笑脸。但是她觉得自己好累，真的好累。

专家解析

1."总是感觉不舒服，又查不出毛病"——躯体形式障碍

躯体形式障碍，其实是一组疾病的名称，这类疾病都有

难以解释的躯体不适症状，患者往往因为躯体不适感到焦虑不安，非常关注身体，对正常的检查结果以及医生反复做出的"没病"解释不能接受，甚至会因为"查不出病因""看不好病"而埋怨医生，然后频繁换医生、换医院，反复要求检查。因身体不适长期得不到缓解，患者本人非常痛苦，生活学习等很容易受到影响，又因频繁就医检查增加了家庭的经济负担。有一部分患者通过检查确实发现了一些身体的"小问题"，但经过专业医生判断这些"小问题"不能解释患者出现的不适症状。心理诉求会通过躯体症状来表达，"虚拟"的痛苦"实体化"了。

2. 为什么会发生躯体形式障碍呢？

关于躯体形式障碍的病因，目前尚不明确，有研究提示部分患者存在一定的社会心理因素，如不愉快的生活事件、心理冲突、情绪表达方式不良等，但患者可能会弱化这方面的原因或者不愿加以探讨。

我们可以尝试从情绪表达的模型来理解这个病：通常，情绪可以通过心理层面和生理层面来表达，心理层面的表达有语言、表情、行为、动作等方式；生理层面的表达以身体感受为主，比如心慌、肌肉紧张、呼吸急促、疼痛、头晕、发冷发热等。躯体形式障碍的患者往往难以识别情绪或者长期过分地压抑负性情绪，心理表达不足，身体表达就会代偿性地增加，身体成了患者情绪表达的主要渠道，因此出现各种身体上的不适。

3. 家庭关系在治疗中起重大作用

在儿童的起病、治疗中，家庭关系的重新建立起到关键的作用，家庭关系亦称家庭人际关系，表现为不同家庭成员之间的不同联系方式和互助方式，是联结家庭成员之间的纽带。如我们的主人公媛媛，"生病"并不是身体机能受到了影响，而是源自内心深处的对爱的渴望。当孩子感到父母忽视了自己，并且意识到若自己有躯体的疾病就可以得到陪伴和照顾后，躯体的疾病就变成一种对关系呼唤的出口，孩子已经不会或不敢表达需求了，或者当她正常地表达需求已经没有意义的时候，她的身体就会发生一系列的反应，产生各种症状去帮自己。

专家支招 💡

▶ **对于孩子**

除了积极接受上述心理治疗和药物治疗外，在生活中，要尝试学会通过心理层面来表达情绪，比如学会识别、体察及描述自己的情绪，及时向家人及朋友倾诉；学会在生活环境中通过行为表达情绪，比如运动、唱歌、哭泣等，或者通过书法、绘画、写日记、手工制作等文学艺术方式表达。此外，患者要学会丰富生活，寻找兴趣爱好，主动创造积极情绪，获取生活乐趣，减轻对身体的关注。

▶ **对于家长**

虽然查不出躯体疾病，但患者的不适感是真实的，甚至比躯体疾病患者的不适感更强烈和持久，这种感受是非常痛苦的，并不是"装病""矫情"等。因此，家长要理解及肯定患者的不适感，多倾听，少争辩，少说教。家人的支持是患者康复的重要力量！

▶ **对于学校**

组织相关的知识讲座，提高学生自查意识。躯体形式障碍的治疗是一个长期过程，不能"一蹴而就"。治疗目标是减少躯体不适，减少不必要的就医、检查及治疗，减少对生活、学习等的影响。心理治疗推荐认知行为疗法，认知行为疗法聚焦于患者的歪曲认知、不现实的信念等，帮助患者减轻躯体症状、降低躯体不适的发生频率，改善社会功能；行为放松训练可以用来对抗躯体不适带来的焦虑情绪。必要时应及时到正规医院的心理科或精神科就诊，在专业医生指导下进行药物治疗。

参考文献：

[1] 施利佩，施魏策．系统治疗与咨询教科书：基础理论 [M]．史靖宇，赵旭东，盛晓春，译．北京：商务印书馆，2018.

[2] ROBERT GILBERT. BOWEN 家庭系统理论之八大概念：一种思考个人与团体的新方式 [M]．江文贤，译．台北：秀威资讯，2012.

[3] 米纽秦，雷特，博尔达．大师的手艺与绝活：米纽秦家庭治疗精髓 [M]．曾林，译．上海：华东师范大学出版社，2016.

[4] 萨夫，萨夫．客体关系家庭治疗 [M]．童俊，丁瑞佳，译．北京：世界图书出版公司，2012.

[5] 格林．精神分析、依恋理论和神经科学中的情绪发展：创建联结 [M]．王觅，曾林，李明珠，等译．北京：中国轻工业出版社，2019.

[6] 李泽钧，刘守桓，石雪雯，等．儿童青少年抑郁症诊断与治疗进展 [J]．中国妇幼保健，2020, 35(14): 2732-2734.

[7] MALHI G S, MANN J J. Depression[J]. The Lancet, 2018, 392(10161): 2299-2312.

[8] WEINBERGER, A H,GBEDEMAH M, MARTINEZ A M, et al.Trends in depression prevalence in the USA from 2005 to 2015: Widening disparities in vulnerable groups[J/OL]. Psychological Medicine. 2018,48(8): 1308-1315.

[9] AVENEVOLI S, SWENDSEN J, HE J P, et al. Major depression in the national comorbidity survey-adolescent supplement: Prevalence, correlates, and treatment[J]. Journal of the American Academy of Child & Adolescent Psychiatry, 2015, 54(1): 37-44.

[10] JOHNSON D, DUPUIS G, PICHE J, et al. Adult mental health outcomes of adolescent depression: A systematic review[J]. Depression and Anxiety, 2018, 35(8): 700-716.

[11] MILLER L, CAMPO J V. Depression in adolescents[J]. New England Journal of Medicine, 2021, 385(5): 445-449.

[12] BIRCHLER-PEDROSS A, FREY S, CAJOCHEN C, et al. Circadian and sleep modulation of dreaming in women with major depression[J]. Clocks & Sleep, 2022, 4(1): 114-128.

[13] EVEN C, SCHRÖDER C M, FRIEDMAN S, et al. Efficacy of light therapy in nonseasonal depression: A systematic review[J]. Journal of Affective Disorders, 2008, 108(1-2): 11-23.

[14] PHILIPPOT A, DUBOIS V, LAMBRECHTS K, et al. Impact of physical exercise on depression and anxiety in adolescent inpatients: A randomized controlled trial[J]. Journal of Affective Disorders, 2022, 301: 145-153.

[15] SIMON E, BÖGELS S M, VONCKEN J M. Efficacy of child-focused and parent-focused interventions in a child anxiety prevention study[J]. Journal of Clinical Child & Adolescent Psychology, 2011, 40(2): 204-219.

[16] THAPAR A, EYRE O, PATEL V, et al. Depression in young people[J]. The Lancet, 2022, 400(10352): 617-631.

[17] ZHOU X Y, HETRICK S E, CUIJPERS P, et al. Comparative efficacy and acceptability of psychotherapies for depression in children and adolescents: A systematic review and network meta-analysis[J]. World Psychiatry: official Journal of the World Psychiatric Association(WPA),2015, 14(2): 207-222.

[18] MACQUEEN G M, FREY B N, ISMALL Z, et al. Canadian network for mood and anxiety treatments (CANMAT) 2016 clinical guidelines for the management of adults with major depressive disorder:Setion b. specid populations: Youth, women, and the elderly[J]. The Canadian Journal of Psychiatry, 2016, 61(9): 588-603.

[19] ANNING K L, LANGLEY K, HOBSON C, et al. Inattention symptom severity and cognitive processes in children at risk of ADHD: The moderating role of separation anxiety[J]. Child Neuropsychology: A Journal on Normal and Abnormal Development in Childhood and Adolescence, 2023, 3(5): 12-16.

[20] MILROD B, KEEFE J R, CHOO T H, et al. Separation anxiety in PTSD: A pilot study of mechanisms in patients undergoing IPT[J]. Depression and Anxiety, 2020, 37(4): 386-395.

[21] SCHNEIER F R, MOSKOW D M, CHOO T H, et al. A randomized controlled pilot trial of vilazodone for adult separation anxiety disorder[J]. Depression and Anxiety, 2017, 34(12): 1085-1095.

[22] STRAWN J R, DOBSON E T. Individuation for a DSM-5 disorder: Adult separation anxiety[J]. Depression and Anxiety, 2017, 34(12): 1082-1084.

[23] MURIS P, BÜTTGENS L, KOOLEN M, et al. Symptoms of selective mutism in middle childhood: Psychopathological and temperament correlates in non-clinical and clinically referred 6- to 12-year-old

children[J]. Child Psychiatry & Human Development, 2023,18(2): 1–12.

[24] KOSKELA M, JOKIRANTA-OLKONIEMI E, LUNTAMO T, et al. Selective mutism and the risk of mental and neurodevelopmental disorders among siblings[J]. European Child & Adolescent Psychiatry, 2022,23(11): 1–12.

[25] TOMOHISA Y, YUMI I, INOUE M. Long-term outcome of selective mutism: Factors influencing the feeling of being cured[J]. European Child & Adolescent Psychiatry, 2022,18(8): 1–13.

[26] GLOSTER A, HOYER J, KAREKLA M, et al. How response styles moderate the relationship between daily stress and social interactions in depression, social phobia, and controls[J]. Psychotherapy and Psychosomatics, 2021, 90(4): 280–284.

[27] ODGERS K, KERSHAW K A, LI S H, et al. The relative efficacy and efficiency of single- and multi-session exposure therapies for specific phobia: A meta-analysis[J]. Behaviour Research and Therapy, 2022, 159: 104203.

[28] WANG H, WRIGHT B, TINDALL L, et al. EE449 cost-effectiveness of one session treatment (OST) for children and young people with specific phobias compared to multi-session cognitive behavioural therapy (CBT): Results from a randomised controlled trial[J]. Value in Health, 2022, 25(12): S144.

图书在版编目（CIP）数据

未成年人情绪问题：专家解析与支招 / 周新雨主编

. -- 重庆：重庆大学出版社，2023.6

（未成年人心理健康丛书）

ISBN 978-7-5689-3832-7

Ⅰ.①未… Ⅱ.①周… Ⅲ.①青少年—情绪—自我控制—研究 Ⅳ.①B842.6

中国国家版本馆CIP数据核字（2023）第059311号

未成年人情绪问题：专家解析与支招
WEICHENGNIANREN QINGXU WENTI: ZHUANJIA JIEXI YU ZHIZHAO

主　编　周新雨

副主编　邱海棠　邱　田

丛书策划：敬　京

责任编辑：赵艳君　　版式设计：原豆文化

责任校对：关德强　　责任印制：赵　晟

*

重庆大学出版社出版发行

出版人：饶帮华

社址：重庆市沙坪坝区大学城西路 21 号

邮编：401331

电话：（023）88617190　88617185（中小学）

传真：（023）88617186　88617166

网址：http://www.cqup.com.cn

邮箱：fxk@cqup.com.cn（营销中心）

全国新华书店经销

重庆升光电力印务有限公司印刷

*

开本：880mm×1230mm　1/32　印张：6　字数：105 千　插页：20 开 1 页

2023 年 6 月第 1 版　　2023 年 6 月第 1 次印刷

ISBN 978-7-5689-3832-7　　定价：45.00 元